T0324080

Die Formalisierte Terminologie der Verlässlichkeit Technischer Systeme

Jörg Rudolf Müller

Die Formalisierte Terminologie der Verlässlichkeit Technischer Systeme

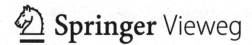 Springer Vieweg

Dr. Jörg Rudolf Müller
Rieden, Deutschland

ISBN 978-3-662-46921-7   ISBN 978-3-662-46922-4 (eBook)
DOI 10.1007/978-3-662-46922-4

Die Deutsche Nationalbibliothek verzeichnet diese Publikation in der Deutschen Nationalbibliografie; detaillierte bibliografische Daten sind im Internet über http://dnb.d-nb.de abrufbar.

Springer Vieweg
© Springer-Verlag Berlin Heidelberg 2015

Gedruckt auf säurefreiem und chlorfrei gebleichtem Papier.

Springer-Verlag GmbH Berlin Heidelberg ist Teil der Fachverlagsgruppe Springer Science+Business Media
(www.springer.com)

Vorwort

Die vorliegende Habilitationsschrift entstand im Wesentlichen während meiner Zeit als wissenschaftlicher Mitarbeiter am Institut für Verkehrssicherheit und Automatisierungstechnik der Technischen Universität Carolo-Wilhelmina zu Braunschweig.

In ihr werden mittels formaler Spezifikationsmittel der Informatik Begrifflichkeiten der Technischen Zuverlässigkeit präzisiert und, hierauf aufbauend, wird durch horizontale wie vertikale Integration ein präzises Terminologiegebäude der heterogenen Begrifflichkeiten aus diesem Bereich geschaffen.

Vor Beginn der inhaltlichen Erörterung sei es gestattet, all denjenigen zu danken, die mich während der Erstellungszeit dieser Arbeit fachlich oder privat begleitet und unterstützt haben.

Dank gebührt an erster Stelle meinem Habilitationsvater und ehemaligen Chef, Herrn Prof. Eckehard Schnieder, für das kontinuierlich professionelle Arbeitsumfeld, die vielen intensiven und fruchtbaren Gespräche, das kaum zu würdigende, große Vertrauen das er mir entgegenbrachte und damit die Freiheit die er mir in allen Belangen lies und, nicht zu vergessen, seine große Geduld.

Als Zweit- und Drittgutachter konnte ich Frau Prof. Petra Winzer, Leiterin des Fachgebiets Produktsicherheit und Qualitätswesen des Fachbereichs Sicherheitstechnik der Bergischen Universität Wuppertal und Herrn Prof. Bernd Bertsche, Leiter des Instituts für Maschinenelemente der Universität Stuttgart, gewinnen. Ich bin sehr dankbar für ihre sympathische, unprätentiöse und selbstverständliche Art der Unterstützung.

Auch möchte ich meinen ehemaligen Kolleginnen und Kollegen, nicht-wissenschaftlichen wie wissenschaftlichen, danken, mit denen ich in den acht Jahren am Institut zusammenarbeiten durfte. Das Verhältnis war immer von Respekt, größtmöglicher gegenseitiger Unterstützung und großer Nachsicht auf allen Seiten geprägt.

Schließen möchte ich mit großem Dank an meine Eltern und meinem Bruder, die mich während all der Jahre bestmöglich unterstützt und über vieles Vergessen und Nicht-Erledigen verständnisvoll hinweggesehen haben. Ihr Anteil an dieser Arbeit lässt sich nicht beziffern.

Kassel, im Februar 2015   Jörg R. Müller

Inhaltsverzeichnis

Einleitung

In diesem einleitenden Kapitel werden die Probleme skizziert die zu dieser Arbeit motivierten, der zur Lösung dieser Probleme entwickelte Ansatz umrissen und gezeigt, wie sich dieser Lösungsansatz im Aufbau der Arbeit widerspiegelt.

1.1 Rahmen und Ziel

Nahezu alle Lebenszyklusphasen komplexer technischer Systeme bedürfen des abgestimmten Zusammenwirkens unterschiedlicher, oft ingenieurwissenschaftlicher Disziplinen. Eine notwendige Voraussetzung zum Gelingen dieses Zusammenwirkens ist eine präzise interpersonelle, insbesondere interdisziplinäre Kommunikation. Diese Kommunikation findet in weiten Teilen mit Hilfe der natürlichen Sprache, sowohl durch akkustische als auch visuelle Signale (mittels Schrift) über entsprechende Kanäle statt. Dabei werden vom Sender kognitive Einheiten in ebendiese Signale kodiert und vom Empfänger wieder zu kognitiven Einheiten dekodiert – vgl. Abb. 1.1.

In diesem Kommunikationsmodell lassen sich u. a. die folgenden beiden möglichen Ursachen für unpräzise Kommunikation identifizieren: Zum einen können sowohl Kodierung als auch Dekodierung aufgrund unzureichender Kodes unpräzise sein. Darüber hinaus können sich Sender- und Empfängerkode unterscheiden und dadurch, trotz fehlerfreier Signalübertragung, unterschiedliche kognitive Repräsentationen nach sich ziehen.

Evident werden die erwähnten Probleme bspw. bei der Projektarbeit: Obwohl sich die beteiligten Akteure auf dieselben normativen Vorgaben in Form von Standards oder Richtlinien stützen, kommt es üblicherweise zu Missverständnissen (vgl. hierzu Lars Schnieder [14], der viele solcher Fälle identifiziert hat). Verstärkt wird dies in interdisziplinären und internationalen Projekten. Ein Grund hierfür ist, dass die normativen Vorgaben oftmals in sich mehrdeutig oder gar inkonsistent sind. Dies liegt an der natürlichen Sprache, in der solche Dokumente heute weitgehend gefasst sind: Sie hat sich durch ihre implizite Interpretierbarkeit als unzureichend erwiesen, technische Begriffe eindeutig zu

© Springer-Verlag Berlin Heidelberg 2015

J.R. Müller, *Die Formalisierte Terminologie der Verlässlichkeit Technischer Systeme*,

DOI 10.1007/978-3-662-46922-4_1

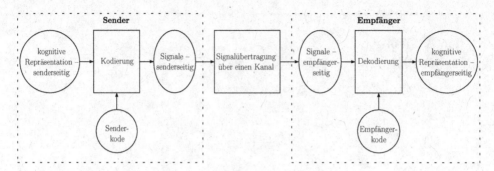

Abb. 1.1 Kommunikationsmodell in Anlehnung an Shannon/Weaver [15]

beschreiben. Das Anreichern solcher Dokumente mit mathematischen Formeln oder Skizzen vermag diese Probleme nur punktuell zu mindern.

Als charakteristisches Beispiel sei die Überarbeitung des „International Electrotechnical Vocabulary, Part 191: Dependability" (IEC 60500-191) erwähnt. Auf Basis des 1990 veröffentlichten internationalen Standards [8] wurde 2003 eine Revision beschlossen. Auf den ersten Neufassungsvorschlag (Committee Draft), veröffentlicht 2005 [9], bekam die entsprechende Projektgruppe 823 Kommentare, bei 351 Begriffen insgesamt. Man darf durchaus voraussetzen, dass es sich bei den engagierten Personen um Experten auf dem Gebiet der Verlässlichkeit technischer Systeme handelt. Dies, die Anzahl der Kommentare im Verhältnis zur Anzahl der neu zu fassenden Begriffe und der Umstand, dass es sich lediglich um eine Revision handelt, macht die Unzulänglichkeiten bestehender Begriffsdefinitionen insbesondere in normativen Dokumenten deutlich.

Notwendig ist daher senderseitig eine Unterstützung der Kodierung: Die Abbildung kognitiver Einheiten in Sprache muss präzise, bestenfalls eineindeutig durchgeführt werden können. Empfängerseitig besteht die analoge Notwendigkeit der präzisen Dekodierung sprachlich gefasster Informationen in kognitive Einheiten. Darüber hinaus müssen die an der Kommunikation beteiligten Akteure hinsichtlich der Gründe potentieller Kommunikationsunschärfen sensibilisiert sein, um diesen Unschärften aktiv vorzubeugen.

Vor dem Hintergrund dieser Notwendigkeiten widmet sich diese Arbeit der Präzisierung der Terminologie der Verlässlichkeit technischer Systeme. Dies geschieht durch Formalisierung, Vernetzung und Vervollständigung: Mittels graphischer Beschreibungssprachen der Informatik, namentlich mittels Klassendiagrammen und Petrinetzen, werden Begriffsdefinitionen strukturiert und relationiert. Strukturgebend sind hier insbesondere die essentiellen systemtheoretischen Konzepte der Hierachie und der Emergenz einerseits, sowie die Dualität von Zustand und Ereignis andererseits. Die auf diese Weise offenbarten sprachlichen wie kognitiven Lücken werden geschlossen – das System wird hinsichtlich Begriffen, die extern in horizontaler oder vertikaler Weise relationiert sind, vervollständigt. Daneben wird die „Binnenstruktur" (vgl. Schnieder in [13]) von Begriffen durch die konsequente Anwendung der intensionalen Attributhierarchie offengelegt und ebenfalls vervollständigt.

Es sei an dieser Stelle explizit erwähnt, dass es *nicht* Ziel dieser Arbeit ist, die mathematischen Grundlagen zur Analyse von Zuverlässigkeitseigenschaften zu erarbeiten oder diese zu erweitern. In dieser Arbeit werden mathematische Zusammenhänge und Hintergründe generell nur insoweit behandelt, wie es zur terminologischen Präzisierung dienlich scheint. Grundsätzlich ist das Angebot an Literatur die den Schwerpunkt auf quantitative Betrachtungen legt, sehr vielfältig. Erwähnt seien beispielsweise die bekannten Werke von Börcsök [5] und Birolini [4] die als „Quasi-Standardwerke" bezeichnet werden können. Neben Grundlagen behandeln sie auch komplexe Systeme fundiert (insbesondere [4]) und beachten den generellen normativen Kontext im RAMS-Bereich (insbesondere [5]). Der aktuelle Stand der Normungsarbeit im Bereich der Spezifikation und Implementierung von Automatisierungssystemen, ihr Einfluss auf die industrielle Umsetzung und ihre Weiterentwicklung getrieben durch Anforderungen aus der Praxis sind ein Schwerpunkt der Arbeiten am Lehrstuhl der Automatisierungstechnik von Professor Frey (Universität des Saarlandes), vgl bspw. [6] und [16]. Das Institut von Prof. Bertsche (Institut für Maschinenelemente, Universität Stuttgart) ist bekannt für seine Kompetenz im Bereich von Testmethoden mechanischer Komponenten und allgemeiner Zuverlässigkeitsbetrachtungen im Maschinenbau und speziell im Fahrzeugbau. In „Reliability in Automotive and Mechanical Engineering" (siehe [2]) wird die formale Einführung eines breiten Spektrums an Zuverlässigkeits- und Testmethoden durch ihre Anwendung an praktischen Beispielen vertieft; es gilt daher als Standardwerk für diesen Bereich. Bzgl. der Ermittlung von Bauteil- und System-Zuverlässigkeiten sei [1] empfohlen, das eine anwendungsorientierte, kurzweilige und dennoch mathematisch fundierte Einführung in die Zuverlässigkeitstheorie insbesondere für Fahrzeugingenieure bietet. Weiter sei [3] speziell für mechatronische Systeme nahegelegt. Boris Gnedenko und Igor Ushakov „felt that there should be a book covering as much as possibel a spectrum of reliability problems which are understandable to engineers" (aus [7], S. XV) – genau aus diesem Grunde kann „Probabilistic Reliability Engineering" [7] empfohlen werden. Way Kuo und Ming J. Zuo betrachten in [10] alle gängigen Zuverlässigkeitsstrukturen „that have been reported in the literature with emphasis on the more significant ones" (ebd. S. XI). Sehr anschaulich und mit sinnvollen Beispielen behandeln sie das von ihnen abgesteckte Terrain. Mit „Principles of Reliability" aus dem Jahre 1963 (siehe [11]) beweist Erich Pieruschka, dass auch schon vor einem halben Jahrhundert die Prinzipien der Zuverlässigkeit leicht verständlich und dennoch formal einwandfrei dargestellt werden konnten. Schließlich sei „Methoden der Automatisierung – Beschreibungsmittel, Modellkonzepte und Werkzeuge für Automatisierungssysteme" von Prof. Schnieder (Institut für Verkehrssicherheit und Automatisierungstechnik, Technische Universität Braunschweig) erwähnt. Hier hat sich Prof. Schnieder schon 1999 u. a. den Herausforderungen divergierender interner und externer Modelle im Kontext der Automatisierungstechnik gestellt. Diese Divergenz zwischen dem internen „mentalen Referenzmodell" [12] und {s}einer externen Repräsentation wird dort ausgiebig und vielschichtig behandelt. Dem Autor der vorliegenden Arbeit ist keine derartige Abhandlung älteren Datums bekannt.

Das Kommunikationsmodell nach Shannon und Weaver berücksichtigt auch Störungen die im Kanal entstehen („Rauschen"). Auf diese Weise können sich empfangene von gesendeten Signalen unterscheiden. Solches Rauschen und die damit einhergehenden Kommunikationsunschärfen werden in dieser Arbeit nicht betrachtet. Daher die folgende Festlegung:

Festlegung 1.1 (Rauschen als Kommunikationsstörung)
In dieser Arbeit werden Kommunikationsstörungen durch Rauschen nicht betrachtet.   □

1.2   Der Aufbau dieser Arbeit

Im Folgenden wird der Aufbau der vorliegenden Arbeit mit kurzen Angaben der Kapitelinhalte erläutert, siehe hierzu auch Abb. 1.2.

Im zweiten Kapitel werden die Grundlagen der hier benutzten Beschreibungsmittel dargestellt. Im Kontext der mathematischen Grundlagen finden auch die Aussagen- wie die Prädikatenlogik in Syntax und Semantik Beachtung. UML-Klassendiagramme dienen in dieser Arbeit insbesondere zur Beschreibung der oben genannten „Binnenstruktur" von Begriffen. Anschließend wird mit Petrinetzen ein formales Beschreibungsmittel eingeführt, das zur expliziten Beachtung der Dualität von Zuständen und Ereignissen bei der Modellierung zwingt und damit der Präzisierung dienlich ist. Schließlich werden im zweiten Kapitel die zentralen Konstituenten der Semiotik erarbeitet. Den Schwerpunkt bilden an dieser Stelle die Relationen zwischen Begriffen und Bezeichnungen. Neben einer informellen Einführung in diesen Komplex, werden diese Relationen auch mathematisch abgebildet. Dies wird im Folgenden einen „Hebel" bieten, mit dem Kommunikationsunschärfen, wie auch sprachliche oder semantische Lücken entdeckt und erklärt werden können.

Das dritte Kapitel widmet sich der Systemtheorie und der Semiotik und schließlich der Verschränkung dieser beiden Disziplinen: Nach einem kurzen historischen Abriss zur Systemtheorie werden die Konstituenten von Systemen definiert. Dort wird auch begründet, dass über den systemischen Charakter eines Gegenstandes nur subjektiv entschieden werden kann. Anschließend wird eine in der Literatur verbreitete Klassifizierung von Systemen formalisiert. Vorbereitend werden in der Folge die essentiellen Konzepte „Hierarchie" und die eng verwandte „Emergenz" formal definiert. Nachdem anschließend die Konstituenten der Semiotik dargelegt wurden, werden im Rahmen des trilateralen Zeichenmodells die im zweiten Kapitel bereits eingeführten Relationen zwischen Begriffen und Bezeichnungen erweitert. Diese Erweiterung ermöglicht schließlich die Relationierung von System-Hierarchieebenen zu Sprach-Hierarchieebenen. Ein Resultat ist die formale Begründbarkeit von Kommunikationsunschärfen wie Synonymien oder Ambiguitäten oder die Genese sprachlicher wie kognitiver Lücken bspw. im Zusammenhang

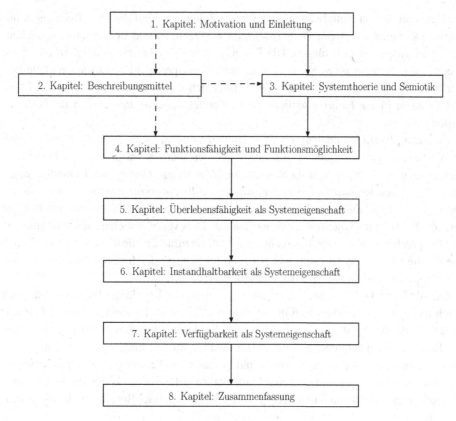

Abb. 1.2 Schematische Darstellung der Struktur der vorliegenden Arbeit

der interdisziplinären Kommunikation. Die intensive Betrachtung der intensionalen Attributhierarchisierung vervollständigt schließlich das Fundament auf dem die folgenden Kapitel das Gebäude einer formalen, vernetzten und vervollständigten Terminologie der Verlässlichkeit technischer Systeme aufbauen können.

Die ersten Präzisierungen im Kontext der Verlässlichkeit werden im vierten Kapitel vorgenommen: Die explizite Unterscheidung zwischen Funktions*fähigkeit* und Funktions*möglichkeit* und die Relationierung entsprechender Begriffe offenbaren erste Unschärfen der normativen Basis, die in diesem Kapitel insbesondere durch Vervollständigung geschlossen werden können. Integrierte Modelle der hier im Fokus stehenden Zustände und Zustandsübergänge schließen dieses Kapitel ab.

Das fünfte Kapitel schließt mit der Formalisierung der Überlebensfähigkeit an. Zunächst werden die in diesem Kontext essentiellen Begriffe definiert und anschließend hinsichtlich ihrer statischen Struktur mittels UML-Klassendiagrammen und hinsichtlich ihres potentiellen Verhaltens mittels Petrinetzen relationiert. Die terminologisch-strukturelle Beschreibung wird durch intensionale Attributhierarchisierung durchgeführt. Im Kontext

der Betrachtung von Mittelwerten ausfallfreier Zeiten wird auf die im Allgemeinen unpräzise Definition der *Mean Time To Failure* eingegangen und es werden entsprechende Präzisierungen vorgeschlagen. Die Beeinflussung der Überlebensfähigkeit durch die
(Redundanz-)Struktur eines Systems wird anhand entsprechender Petrinetzmodelle beispielhaft dar- und gegenübergestellt. Die vergleichende Betrachtung von *Common Mode*
und *Common Cause Failures* schließt dieses Kapitel mit einer integrierten Petrinetzdar-
stellung ab.

Kapitel sechs zur Instandhaltbarkeit ist ähnlich aufgebaut wie das fünfte Kapitel: Nach
der Vorstellung der essentiellen Definitionen, werden auch die entsprechenden Begriffe in
diesem Kontext relationiert. Insbesondere durch die Relationierung der Instandhaltungs-
arten (bspw. *maintainability, corrective maintainability, preventive maintainabiliy, active
corrective maintainability*) und den Definitionen entsprechender Zeitdauern werden einige
sprachliche und auch kognitive Lücken offenbart. Dies veranlasst eine „abilty to prepare"
und entsprechend eine „extended maintainability" einzuführen, die diese schließt. Ähnlich
wie für die Überlebensfähigkeit, werden auch im Kontext der Instandhaltbarkeit Mittelwerte präzisiert und mathematisch dargelegt.

Die Verfügbarkeit von Systemen, als eine durch die Überlebensfähigkeit wie auch
durch die Instandhaltbarkeit beeinflusste Eigenschaft, wird im siebten Kapitel betrachtet. Der Aufbau folgt dabei im Grundsatz wieder den vorhergehenden beiden Kapiteln.
Die Relationierung entsprechender Begriffe wird hier im Wesentlichen durch Integration
der im Rahmen der Überlebensfähigkeit und Instandhalbarkeit eingeführten Begriffsnetze
und -hierarchien vollzogen. Die Betrachtung der Zuverlässigkeit als der, die Überlebensfähigkeit, Instandhaltbarkeit und Verfügbarkeit subsumierender Begriff, rundet dieses Kapitel ab.

Im inhaltlich letzten Kapitel dieser Arbeit werden Sicherheitsbegriffe im Kontext der
technischen Verlässlichkeit untersucht. Zunächst wird der Begriff der Sicherheit dem der
Gefahr anhand des Grenzrisikos gegenübergestellt. Die Verlässlichkeit kann dann als der
die Zuverlässigkeit und die Sicherheit umfassende Begriff eingeführt werden. Schließlich werden am Ende des ersten Abschnitts des achten Kapitels „potentiell gefährdende
Systemzustände" und „potentiell gefährdete Umgebungszustände" formal eingeführt, auf
deren Basis die Definition des „hazard" formal und damit präzise erarbeitet wird. Auf
dieser Basis wird zunächst der Risikobegriff erweitert, im Anschluss können die Konzepte *tolerable hazard rate* und *probability of failure on demand* zunächst formalisiert
und schließlich zueinander relationiert werden. Das achte Kapitel schließt mit der formalen Betrachtung von Integritäts- und Kritikalitätsanforderungen – dies, exemplarisch an
instrumented landing systems aus der Luftfahrt.

Im neunten und letzten Kapitel dieser Arbeit wird schließlich die Essenz der Ergebnisse fragmentarisch zusammengefasst und ein Apell an die zukünftige Normungsarbeit
geäußert, in der Hoffnung, die Präzision im Kontext der Terminologiearbeit zu erhöhen.

Konvention 1.1 (deutschsprachige und englischsprachige Bezeichnungen)
Die Bezeichnungen von Begriffen werden in dieser Arbeit meist aus dem englischsprachigen übernommen und nur in Ausnahmen übersetzt. Dies hat zwei Gründe: Zum Einen sind die meisten der englischsprachigen Bezeichnungen auch im deutschsprachigen Raum weit verbreitet; darüber hinaus besteht bei (neuen) Übersetzungen zudem die Gefahr neue Mehrdeutigkeiten und Unschärfen zu generieren.

Literatur

1. Bernd Bertsche. *Zuverlässigkeit im Fahrzeug- und Maschinenbau: Ermittlung von Bauteil- und System-Zuverlässigkeiten*. Springer, 3. Auflage, 2004.

2. Bernd Bertsche. *Reliability in Automotive and Mechanical Engineering*. Springer, 2008.

3. Bernd Bertsche, Peter Göhner, Uwe Jensen, Wolfgang Schinkothe und Hans-Joachim Wunderlich. *Zuverlässigkeit mechatronischer Systeme: Grundlagen und Bewertung in frühen Entwicklungsphasen*. Springer, 1. Auflage, 2009.

4. Alessandro Birolini. *Zuverlässigkeit von Geräten und Systemen*. Springer, Berlin, 1997.

5. Josef Börcsök. *Elektronische Sicherheitssysteme – Hardwarekonzepte, Modelle und Berechnung*. Hüthig Verlag Heidelberg, 2007.

6. Georg Frey und K. Thramboulidis. *Einbindung der IEC 61131 in modellgetriebene Entwicklungsprozesse*. Proceed the Kongress Automation, June 2011:21–24, extended 12–page on CD, 2011.

7. Boris V. Gnedenko und Igor A. Ushakov. *Probabilistic Reliability Engineering*. John Wiley & Sons, 1995.

8. IEC-60050-191. *IEC 60050-191 – Ed.1.0, International Elektrotechnical Vocabulary*. International Electrotechnical Commission, 12 1990.

9. IEC-60050-191. *IEC 60050-191 – Ed.2.0, International Elektrotechnical Vocabulary (CD)*. International Electrotechnical Commission, 12 1990.

10. Way Kuo und Ming J. Zuo. *Optimal Reliability Modeling: Principles and Applications*. John Wiley & Sons, 2002.

11. Erich Pieruschka. *Principles of Reliability*. Prentice-Hall – International Series in Electrical Engineering, 1963.

12. Eckehard Schnieder. *Methoden der Automatisierung – Beschreibungsmittel, Modellkonzepte und Werkzeuge für Automatisierungssysteme*. Vieweg Verlag, 1999.

13. Eckehard Schnieder und Lars Schnieder. *Terminologische Präzisierung des Systembegriffs, Terminological concretization of the system concept*. atp Edition 9:45–59, 2010.

14. Lars Schnieder. *Formalisierte Terminologien technischer Systeme und ihrer Zuverlässigkeit*. Dissertation, Technische Universität Braunschweig, 2010.

15. Claude E. Shannon und Warren Weaver. *Mathematical Theory of Communication*. University of Illinois Press, Urbana 1949.

16. K. Thramboulidis und Georg Frey. *An MDD Process for IEC 61131 – based Industrial Automation Systems*. Proceed the 16th IEEE International Conference on Emerging Technologies and Factory Automation (ETFA September 2011):DOI 10.1109/ETFA.2011.6059118, 2011.

Grundlagen der verwendeten Beschreibungsmittel 2

In diesem Kapitel werden die Grundlagen der Beschreibungsmittel dargelegt, die zur Formalisierung und Vernetzung von Verlässlichkeitsbegriffen der technischen Zuverlässigkeit in den folgenden Kapiteln Anwendung finden: Die Aussagenlogik, wie auch die Prädikatenlogik erster Stufe, anschließend die grundlegenden Konzepte der Wahrscheinlichkeitstheorie. Zur visuellen Darstellung statischer Begriffsrelationen, insbesondere Generalisierungen und Aggregationen, werden in Abschn. 2.2 die essentiellen Konzepte der UML-Klassendiagramme vorgestellt. Zur formalen grafischen Modellierung des Verhaltens von Systemen und damit die Relationierung entsprechender zustands- und ereignisbezogener Begriffe, werden schließlich in Abschn. 2.3 kausale wie stochastische Petrinetze eingeführt.

Grundsätzlich werden alle in diesem Kapitel betrachteten Beschreibungsmittel und Konzepte jeweils nur in dem Umfang vorgestellt, wie es für die weiteren Inhalte dieser Arbeit notwendig ist. Im Rahmen der Semiotik in Abschn. 2.4 werden darüber hinaus in Abschn. 2.4.2 die Relationen zwischen Bezeichnungen und Begriffen formal gefasst. Auf dieser Basis können die Gründe von Kommunikationsunschärfen wie bspw. *kognitive Lücken* oder *Ambiguitäten* formal spezifiziert und in Kap. 3 zur Relationierung von systemtheoretischen und semiotischen Konzepten nutzbar gemacht werden.

2.1 Mathematische Grundlagen

Zu den mathematischen Grundlagen subsumieren wir die Grundlagen der Aussagen- wie der Prädikatenlogik, grundlegende Eigenschaften von Relationen und Abbildungen und schließlich die Basis der Wahrscheinlichkeitstheorie mit einigen einfachen Verteilungsfunktionen, die im Kontext der technischen Zuverlässigkeit häufig gebraucht werden.

© Springer-Verlag Berlin Heidelberg 2015
J.R. Müller, *Die Formalisierte Terminologie der Verlässlichkeit Technischer Systeme*,
DOI 10.1007/978-3-662-46922-4_2

2.1.1 Aussagen- und Prädikatenlogik

In diesem Abschnitt werden die syntaktischen Grundlagen der Aussagenlogik und der Prädikatenlogik erster Stufe vorgestellt. Auf eine formale Einführung der Semantik dieser Logiken wird verzichtet. Die hier dargelegten Definitionen stammen aus [24].

Definition 2.1 (Syntax der Aussagenlogik)
Eine *atomare Formel* hat die Form A_i, mit $i = 1, 2, 3, \ldots$. *Formeln* werden durch folgenden induktiven Prozess definiert:

1. Alle atomaren Formeln sind Formeln.
2. Für alle Formeln F und G sind $(F \wedge G)$ und $(F \vee G)$ Formeln.
3. Für jede Formel F ist $\neg F$ eine Formel.

Eine Formel der Bauart $\neg F$ heißt *Negation* von F, $(F \wedge G)$ heißt *Konjunktion* von F und G, $(F \vee G)$ heißt *Disjunktion* von F und G. Eine Formel F, die als Teil einer Formel G auftritt, heißt *Teilformel* von G.   □

Festlegung 2.1 (abkürzende Schreibweisen $\longrightarrow$ und $\longleftrightarrow$)
Es seien F_1 und F_2 Formeln nach Definition 2.1. Folgende abkürzende Schreibweisen sind üblich:

$$(F_1 \longrightarrow F_2) \text{ statt } (\neg F_1 \vee F_2)$$
$$(F_1 \longleftrightarrow F_2) \text{ statt } ((F_1 \wedge F_2) \vee (\neg F_1 \wedge \neg F_2)) \,.$$ □

Festlegung 2.2 (Semantik der Aussagenlogik)
Da die Semantik der Aussagenlogik meist durch Rückgriff auf natürlichsprachliche Wörter wie „und" und „oder" definiert wird, verzichten wir in dieser Arbeit auf eine formale Definition und beschränken uns auf die folgenden hinreichend intuitiven Festlegungen:

1. Das Symbol $\wedge$ modelliert das umgangssprachliche Wort „und". Die Formel $F \wedge G$ ist erfüllt, wenn F *und* G erfüllt sind.
2. Das Symbol $\vee$ modelliert das umgangssprachliche Wort „oder". Die Formel $F \vee G$ ist erfüllt, wenn F *oder* G erfüllt ist.
3. Das Symbol $\neg$ modelliert das umgangssprachliche Wort „nicht". Die Formel $\neg F$ ist erfüllt, wenn *nicht* F erfüllt ist, d.h. wenn F nicht erfüllt ist.

Für die in Festlegung 2.1 als syntaktische Abkürzungen eingeführten Symbole gilt: $\longrightarrow$ steht für „impliziert", „daraus folgt", bzw. steht $F \longrightarrow G$ für „wenn F dann G". Letztlich steht $\longleftrightarrow$ für „genau dann wenn".   □

Definition 2.2 (Syntax der Prädikatenlogik)
Eine *Variable* hat die Form x_i, mit $i = 1, 2, 3, \ldots$. Ein *Prädikatensymbol* hat die Form P_i^k und ein *Funktionssymbol* hat die Form f_i^k mit $i = 1, 2, 3, \ldots$ und $k = 0, 1, 2, \ldots$. Hierbei heißt i jeweils der *Unterscheidungsindex* und k die *Stelligkeit*.

Terme sind wie folgt induktiv definiert:

1. Jede Variable ist ein Term.
2. Falls f ein Funktionssymbol ist mit Stelligkeit k, und falls $t_1, \ldots, t_k$ Terme sind, so ist auch $f(t_1, \ldots, t_k)$ ein Term.

Funktionssymbole der Stelligkeit 0 heißen *Konstanten*; Konstanten schreiben wir ohne Klammern.

Formeln (der Prädikatenlogik) werden wiederum induktiv definiert:

1. Falls P ein Prädikatensymbol der Stelligkeit k ist, und falls $t_1, \ldots, t_k$ Terme sind, dann ist $P(t_1, \ldots, t_k)$ eine Formel.
2. Für jede Formel ist auch $\neg F$ eine Formel.
3. Für alle Formeln F und G sind auch $(F \wedge G)$ und $(F \vee G)$ Formeln.
4. Falls x eine Variable ist und F eine Formel, so sind auch $\exists x F$ und $\forall x F$ Formeln.

Formeln die gemäß 1. aufgebaut sind, nennen wir *atomare Formeln*. Falls F eine Formel ist und F als Teil einer Formel G auftritt, so heißt F *Teilformel* von G.

Das Symbol $\exists$ wird als *Existenzquantor* und das Symbol $\forall$ als *Allquantor* bezeichnet.

□

Festlegung 2.3 (Semantik der Prädikatenlogik)
Wie im Falle der Aussagenlogik wird in dieser Arbeit die Semantik der Prädikatenlogik lediglich informal eingeführt. Die umgangssprachliche Festlegung wird auch an dieser Stelle als hinreichend intuitiv angesehen.

1. Die Symbole $\wedge$, $\vee$ und $\neg$ modellieren in der Prädikatenlogik genauso wie in der Aussagenlogik entsprechend das umgangssprachliche „und", „oder" und „nicht".
2. Falls F die Form $F = \forall x G$ hat, so ist F erfüllt, falls G erfüllt ist für alle zu G passenden Werte von x.
3. Falls F die Form $F = \exists x G$ hat, so ist F erfüllt, falls G erfüllt ist für mindestens einen zu G passenden Wert von x.

□

2.1.2 Relationen und Abbildungen

Mit [16] präsentieren Harald Scheid und Lutz Wahrlich eine sehr gut verständliche Einführung in diskrete algebraische Strukturen. Die Grundlagen zu Relationen und Abbildungen entstammen dieser Vorlage.

Definition 2.3 (Relation)
Für Mengen A und B heißt eine Teilmenge des kartesischen Produktes $A \times B$ eine *Relation zwischen A und B*. Eine Teilmenge von $A \times A$ heißt eine *Relation in A*. $\square$

Definition 2.4 (Eigenschaften von Relationen)
Ist R eine Relation in einer Menge A, also $R \subseteq A \times A$, dann heißt

- R *reflexiv*, wenn $\forall a \in A$: $(a,a) \in R$.
- R *antireflexiv*, wenn $\forall a \in A$: $(a,a) \notin R$.
- R *symmetrisch*, wenn $\forall a,b \in A$: $(a,b) \in R \Longrightarrow (b,a) \in R$.
- R *antisymmetrisch*, wenn $\forall a,b \in A$: $(a,b) \in R \wedge (b,a) \in R \Longrightarrow a = b$.
- R *transitiv*, wenn $\forall a,b,c \in A$: $(a,b) \in R \wedge (b,c) \in R \Longrightarrow (a,c) \in R$. $\square$

Definition 2.5 (strenge Ordnungsrelation)
Eine Relation R in M heißt eine *strenge Ordnungsrelation* in M, wenn sie

$$\textit{antireflexiv, antisymmetrisch} \text{ und } \textit{transitiv}$$

ist. $\square$

Beispiel 2.1 (strenge Ordungsrelation)
Die „$\subset$"-Relation („echt-enthalten-sein"-Relation) ist in einer Menge von Mengen eine strenge Ordnungsrelation (siehe Teilmengendiagramm in Abb. 2.1). $\square$

Definition 2.6 (Abbildung oder Funktion)
Es sei R eine Relation zwischen den Mengen A und B, also $R \subseteq A \times B$. Die Relation R heißt *Abbildung* oder *Funktion*, wenn für jedes $a \in A$ *genau ein* $b \in B$ mit $(a,b) \in R$ existiert, wenn also die beiden folgenden Bedingungen erfüllt sind:

1. $\forall a \in A \, \exists b \in B$: $(a,b) \in R$.
2. $(a,b_1) \in R \wedge (a,b_2) \in R \Longrightarrow b_1 = b_2$. $\square$

Abb. 2.1 Teilmengen-
diagramm von $A \subseteq B$ in
$P(\{a,b,c\})$.

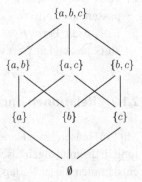

Definition 2.7 (surjektiv, injektiv, bijektiv)
Es sei $f : A \longrightarrow B$ eine Abbildung. Dann heißt

- f *surjektiv*, wenn für jedes $b \in B$ *mindestens* ein $a \in A$ mit $f(a) = b$ existiert.
- f *injektiv*, wenn für jedes $b \in B$ *höchstens* ein $a \in A$ mit $f(a) = b$ existiert.
- Ist f surjektiv und injektiv, existiert also für jedes $b \in B$ *genau* ein $a \in A$ mit $f(a) = b$, so heißt f eine *bijektive* Abbildung.

Injektive Abbildungen heißen auch *eineindeutige Abbildungen*. Bijektive Abbildungen werden auch *umkehrbar eindeutige Abbildungen* genannt.   □

Definition 2.8 (Umkehrabbildung oder Umkehrfunktion)
Ist $f\colon A \longrightarrow B$ eine Bijektion, so heißt die Umkehrrelation f' von f die *Umkehrabbildung* oder *Umkehrfunktion* von f, bezeichnet wird sie mit f^{-1}.   □

Satz 2.1 (Umkehrfunktion einer Bijektion)
Ist $f\colon A \longrightarrow B$ eine Bijektion, so gilt:

1. Die Umkehrfunktion f^{-1} von f ist wieder eine Bijektion und es gilt $(f^{-1})^{-1} = f$.
2. $f \circ f^{-1} = id_B$ und $f^{-1} \circ f = id_A$.

Dabei spezifiziere $f_2 \circ f_1$ die *Verkettung* von f_2 *mit* f_1.

2.1.3   Stochastik

Alle in diesem Abschnitt aufgeführten Definitionen entstammen aus [4] oder [10]. Die Bemerkungen 2.2 und 2.3 am Ende dieses Abschnitts stammen vom Autor der vorliegenden Arbeit.

Informale Definition 2.1 (Operatoren auf Mengen)
Es seien A, B, Ω Mengen mit $A \subseteq \Omega$ und $B \subseteq \Omega$ und Ω sei die Menge aller möglichen Elemente. Dann symbolisieren wir mit

$$A \cup B \qquad \text{die } \textit{Vereinigungsmenge von } A \textit{ und } B;$$
$$A \cap B \qquad \text{die } \textit{Schnittmenge von } A \textit{ und } B;$$
$$A^C \qquad \text{das } \textit{Komplement von } A \textit{ bezüglich } \Omega.$$

Gilt $A \cap B = \emptyset$, so sagt man auch A *und* B *sind unvereinbar* oder *elementefremd*.

Definition 2.9 (σ-Algebra und Ereignisse)
Es sei Ω eine nichtleere Menge. Ein System $\mathcal{U}$ von Teilmengen von Ω heißt *σ-Algebra über Ω*, falls

1. $\Omega \in \mathcal{U}$.
2. Für $A \in \Omega$ gilt auch $A^C \in \Omega$.
3. Aus $A_i \in \mathcal{U}$ für alle $i \in \mathbb{N}$ folgt $\bigcup_{i=1}^{\infty} A_i \in \mathcal{U}$.

Ist neben der Ergebnismenge Ω eine σ-Algebra über Ω gegeben, so heißen alle $A \in \mathcal{U}$ *Ereignisse.* $\square$

Bemerkung 2.1 (zu Definition 2.9)
Im Kontext der Stochastik werden *Ergebnisse* von Wahrscheinlichkeitsexperimenten als *Ereignisse* bezeichnet. Ereignisse im systemtheoretischen Kontext sind aber Zustandsübergänge. Ergebnisse würden Zuständen entsprechen. Es wird an dieser Definition also deutlich, dass i. A. in unterschiedlichen Kontexten (auch „Varietäten") mit denselben Bezeichnungen unterschiedliche Bedeutungen verknüpft werden, vgl. Abschn. 2.4 in diesem Kapitel und Abschn. 3.4.2 zur Relationierung von systemtheoretischen mit semiotischen Konzepten.

Definition 2.10 (Wahrscheinlichkeitsmaß, -raum und Wahrscheinlichkeit)
Ist Ω eine Ergebnismenge und ist $\mathcal{U}$ eine σ-Algebra von Ereignissen über Ω, so heißt eine Abbildung $P\colon \mathcal{U} \longrightarrow \mathbb{R}$ ein *Wahrscheinlichkeitsmaß*, wenn gilt:

1. $P(A) \geq 0$ für alle $A \in \mathcal{U}$,
2. $P(\Omega) = 1$,
3. $P\left(\bigcup_{i=1}^{\infty} A_i\right) = \sum_{i=1}^{\infty} P(A_i)$ für paarweise unvereinbare Ereignisse $A_1, A_2, \ldots \in \mathcal{U}$.

Das Tripel $(\Omega, \mathcal{U}, P)$ heißt *Wahrscheinlichkeitsraum. $P(A)$* heißt *Wahrscheinlichkeit des Ereignisses A.* $\square$

Definition 2.11 (bedingte Wahrscheinlichkeit)
Es sei $(\Omega, \mathcal{U}, P)$ ein Wahrscheinlichkeitsraum. Sind $A, B \in \mathcal{U}$ Ereignisse und gilt $P(B) > 0$, so heißt

$$P(A|B) = \frac{P(A \cap B)}{P(B)}$$

die *bedingte Wahrscheinlichkeit von A unter der Bedingung B*. $\square$

Definition 2.12 (stochastisch unabhängig)

Zwei Ereignisse A und B heißen *stochastisch unabhängig*, falls

$$P(A \cap B) = P(A) \cdot P(B)$$

gilt. □

Definition 2.13 (Zufallsvariable (oder Zufallsgröße))

Es sei $(\Omega, \mathcal{U}, P)$ ein Wahrscheinlichkeitsraum. Eine Abbildung $X \colon \Omega \longrightarrow \mathbb{R}$ heißt *Zufallsvariable* (oder *Zufallsgröße*) *über* $(\Omega, \mathcal{U}, P)$, falls

$$\{\omega \in \Omega : X(\omega) \in I\} \in \mathcal{U}$$

für alle Intervalle $I \subset \mathbb{R}$ gilt. □

Definition 2.14 (Verteilungsfunktion einer Zufallsvariablen)

Sei X eine Zufallsvariable über $(\Omega, \mathcal{U}, P)$. Dann heißt die Abbildung $F \colon \mathbb{R} \longrightarrow [0, 1]$ mit

$$F(x) = P(X \geqq x), \ x \in \mathbb{R},$$

Verteilungsfunktion der Zufallsvariablen X. □

Definition 2.15 (Geometrische Verteilung)

Es sei $0 < p < 1$. Eine Zufallsvariable X mit dem Wertebereich $\mathbb{N} = \{1, 2, \ldots\}$ heißt *geometrisch verteilt mit dem Parameter* p, wenn

$$P(X = i) = (1 - p)^{i-1} \cdot p, \quad i = 1, 2, \ldots$$

gilt. □

Definition 2.16 (Binomial-Verteilung)

Es sei $n \in \mathbb{N}$ und $0 < p < 1$. Eine Zufallsvariable X mit dem Wertebereich $\{1, 2, \ldots, n\}$ heißt *binomialverteilt mit den Parametern n und p (kurz $B(n, p)$-verteilt)*, falls

$$P(X = i) = \binom{n}{i} p^i \cdot (1 - p)^{n-i}, \quad i = 0, 1, \ldots n$$

gilt. □

Definition 2.17 (Poisson-Verteilung)

Es sei $\alpha > 0$. Eine Zufallsvariable X mit dem Wertebereich $\mathbb{N} \cup \{0\}$ und

$$P(X = i) = \frac{\alpha^i}{i!} e^{-\alpha}, \quad i = 0, 1, 2, \ldots$$

heißt *Poisson-verteilt mit dem Parameter* α. □

Definition 2.18 (stetig verteilte Zufallsvariable)

Eine Zufallsvariable X heißt *stetig verteilt mit der Dichte* f, falls sich ihre Verteilungsfunktion $F \colon \mathbb{R} \longrightarrow \mathbb{R}$ in der folgenden Weise schreiben lässt:

$$F(x) = \int_{-\infty}^{\infty} f(t)dt, \quad x \in \mathbb{R}. \qquad \qquad \square$$

Definition 2.19 (Exponentialverteilung)

Es sei $\lambda > 0$. Eine Zufallsvariable X heißt *exponentialverteilt mit dem Parameter λ (kurz: Ex(λ)-verteilt)*, falls X stetig verteilt ist mit folgender Dichte f und Verteilungsfunktion F:

$$f(t) = \begin{cases} 0 & \text{für} \quad t \leqq 0 \\ \lambda t^{-\lambda t} & \text{für} \quad t > 0 \end{cases}, \quad F(x) = \begin{cases} 0 & \text{für} \quad x \leqq 0 \\ 1 - e^{-\lambda t} & \text{für} \quad x > 0. \end{cases}$$

$$\square$$

Bemerkung 2.2 (Klassifizierung der eingeführten Verteilungen)

Der Parameter λ der Poisson-Verteilung wird häufig und insbesondere im Rahmen der technischen Zuverlässigkeit als Rate, d. h. *Ereignisse pro Zeiteinheit*, interpretiert. Setzen wir dies voraus, so können die oben eingeführten Verteilungsfunktionen wie in Abb. 2.2 klassifiziert werden. Es sei jedoch darauf hingewiesen, dass die gewählten Kriterien willkürlich gewählt wurden, andere Kriterien sind durchaus denkbar.

Bemerkung 2.3 (Verhältnis von Exponential- zur Poisson-Verteilung)

Zwischen der Exponentialverteilung und der Poisson-Verteilung existiert die folgende enge Beziehung: Ist die Zeitspanne Δt zwischen zwei Ereignissen exponentialverteilt, dann

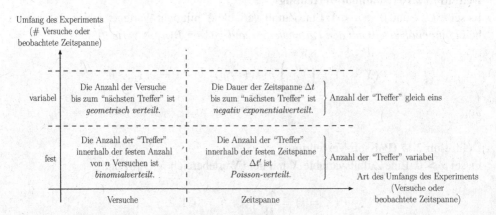

Abb. 2.2 Klassifizierung der eingeführten Verteilungsfunktionen

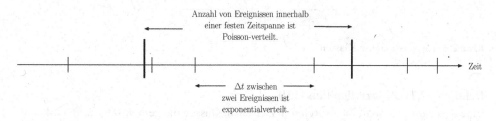

Abb. 2.3 Die Beziehung zwischen Exponential- und Poisson-Verteilung

ist die Anzahl der Ereignisse innerhalb eines festen Intervalls $\Delta t'$ Poisson-verteilt (siehe Abb. 2.3).

2.2 UML-Klassendiagramme

Dieser Abschnitt bietet eine zusammenfassende Darstellung der in dieser Arbeit verwendeten UML-Sprachkonstrukte (UML für *unified modelling language*). Es handelt sich dabei ausschließlich um solche Konstrukte, die im Kontext von Klassendiagrammen, d. h. Graphen die Objekttypen sowie ihre statischen Relationen beschreiben, Verwendung finden. Solche Relationen können bspw. „übergeordnet", „untergeordnet" oder „ist Komposition von" sein. Die hier verwendeten Grundelemente finden sich in nahezu jeder UML-Einführung, konkret wurde auf [6] und [13] zurückgegriffen.

2.2.1 Basiselemente

Definition 2.20 (Klasse, Operation und Methode (aus [13]))
Eine *Klasse* ist die Definition der Attribute, Operationen und der Semantik für eine Menge von Objekten. Alle Objekte einer Klasse werden dadurch definiert.

Operationen sind Dienstleistungen, die von einem Objekt angefordert werden können, sie werden beschrieben durch ihr Signatur (Operationsname, Parameter, ggf. Rückgabetyp).

Eine *Methode* implementiert eine Operation, sie ist eine Sequenz von Anweisungen.

□

Bemerkung 2.4 (Methoden und Merkmale)
Im Kontext der intensionalen Attributhierarchien werden Operationen und Methoden als *Merkmale* bezeichnet – siehe Abschn. 3.4.3.

| Klasse A | - - - - - - | Klasse B |

Abb. 2.4 Zwei assoziierte Klassen

Definition 2.21 (Assoziation (aus [13]))
Eine *Assoziation* beschreibt als Relation zwischen Klassen die gemeinsame Semantik und Struktur einer Menge von Objektverbindungen.   □

Bemerkung 2.5 (Darstellung einer Assoziation)
Es ist üblich, Assoziationen als durchgezogene Linien darzustellen. Zur Verbesserung der Lesbarkeit werden Assoziationen in dieser Arbeit jedoch durch gestrichelte Linien symbolisiert. In der Literatur werden durch gestrichelte Pfeile „Abhängigkeiten" dargestellt. Da Abhängigkeiten in dieser Arbeit nicht verwendet werden, besteht diesbezüglich keine Verwechslungsgefahr. In Abb. 2.4 ist die Assoziation zwischen den beiden Klassen „Klasse A" und „Klasse B" daher durch eine gestrichelte Linie symbolisiert.

Bemerkung 2.6 (Kardinalitäten (nach [13]))
Mittels Kardinalitäten (auch: „Multiplizitäten") kann angegeben werden, wie viele Objekte einer Klasse, einer anderen Klasse zugeordnet werden können. Die in dieser Arbeit verwendeten Kardinalitäten sind in Abb. 2.5 dargestellt:

- Abb. 2.5 oben: Jedem Objekt der Klasse A wird Null oder genau ein Objekt der Klasse B zugeordnet.
- Abb. 2.5 mitte: Jedem Objekt der Klasse A wird genau ein Objekt der Klasse B zugeordnet.
- Abb. 2.5 unten: Jedem Objekt der Klasse A werden genau n Objekte der Klasse B zugeordnet.

Bemerkung 2.7 (Assoziationen ohne Kardinalitäten)
Assoziationen ohne Kardinalitäten stehen vereinfacht als „Jedem Objekt der Klasse A wird genau ein Objekt der Klasse B zugeordnet und umgekehrt".

Abb. 2.5 Kardinalitäten

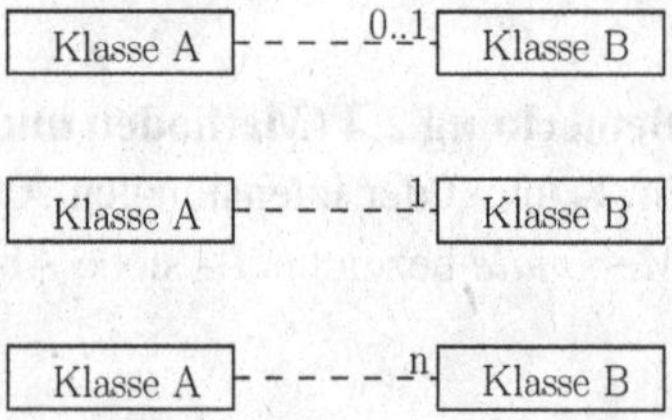

| Klasse A | - - - - $0..1$ | Klasse B |

| Klasse A | - - - - - 1 | Klasse B |

| Klasse A | - - - - - n | Klasse B |

Abb. 2.6 Generalisierung

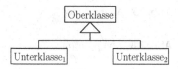

2.2.2   Generalisierung und Spezialisierung

Definition 2.22 (Generalisierung und Spezialisierung (aus [13]))
Generalisierung und *Spezialisierung* sind Abstraktionsprinzipien zur hierarchischen Strukturierung der Semantik eines Modells.

Eine Generalisierung (bzw. Spezialisierung) ist eine taxonomische Beziehung zwischen einem allgemeinen und einem speziellen Element (bzw. umgekehrt), wobei das speziellere weitere Eigenschaften hinzufügt und sich kompatibel zum allgemeinen verhält.

Dargestellt wird eine solche hierarchische Strukturierung wie in Abb. 2.6.   □

Bemerkung 2.8 (Semiformale Semantikdefinition)
In verbreiteten Lehrwerken zur UML ist die Definition der Semantik nicht umfassend formal gefasst. Oftmals sind bspw. die Beziehungen zwischen Attributen, Operationen und Klasseneigenschaften natürlichsprachig und beispielhaft dargestellt, was zu Missverständnissen bei der Kommunikation führen kann.

Dennoch ist die UML als (semiformales) Beschreibungsmittel für unterschiedliche Aspekte der Systemdarstellung von äußerst großem Wert. In dieser Arbeit werden mittels Klassendiagrammen Begriffsbeziehungen dargestellt.

Folgerung 2.1 (Generalisierung und Spezialisierung (nach [13]))
Eigenschaften werden also hierarchisch gegliedert: Allgemeine Eigenschaften werden allgemeineren Klassen (Oberklassen) und speziellere Eigenschaften werden den diesen untergeordneten Klassen (Unterklassen) zugeordnet. Die Eigenschaften der Oberklasse werden an die entsprechenden Unterklassen weitergegeben, d. h. „vererbt".

2.2.3   Aggregation und Komposition

Definition 2.23 (Aggregation und Komposition (aus [13]))
Eine *Aggregation* ist eine Assoziation, erweitert um den semantisch unverbindlichen Kommentar, dass die beteiligten Klassen keine gleichwertige Beziehung führen, sondern eine Ganzes-Teile-Hierarchie darstellen. Eine Aggregation soll beschreiben, wie sich etwas Ganzes aus seinen Teilen logisch zusammensetzt.

Abb. 2.7 Aggregation

Abb. 2.8 Komposition

Eine *Komposition* ist eine strenge Form der Aggregation, bei der die Teile vom Ganzen existenzabhängig sind. Sie beschreibt, wie sich etwas Ganzes aus Einzelteilen zusammensetzt und diese kapselt.

Dargestellt werden Aggregation und Komposition wie in Abb. 2.7 bzw. 2.8. □

Folgerung 2.2 (Aggregation und Komposition (nach [13]))
Eine Aggregation ist also die Zusammensetzung eines Objektes aus einer Menge von Einzelteilen. Es handelt sich um eine *Ganzes-Teile-Hierarchie* (*Partonomie*).

Eine Komposition ist eine Aggregationsbeziehung bei der die Teile vom Ganzen existenzabhängig sind: Wird das Aggregat gelöscht, dann werden auch alle Einzelteile gelöscht; wird ein Einzelteil gelöscht, so bleibt das Aggregat erhalten.

Bemerkung 2.9 (semantische Unschärfe bei UML-Klassendiagrammen)
Bei Kompositionen wird eine semantische Unschärfe augenscheinlich: Es ist i.A. nicht eindeutig definiert, wie mit dem Ganzen zu verfahren ist, wenn alle seine Teile gelöscht werden.

2.3   Petrinetze

In diesem Abschnitt werden Petrinetze als formales, grafisches Beschreibungsmittel eingeführt. Petrinetze bestehen aus aktiven und passiven Elementen. Den Kausalzusammenhang zwischen ihnen spezifiziert man durch Flussrelationen. Systemzustände werden durch Markieren der entsprechenden passiven Elemente durch Objekte modelliert; auf diese Weise erhält man einen Netzzustand. In dieser Arbeit werden ausschließlich Systeme betrachtet, bei denen das Wissen über die *Anzahl* dieser Objekte genügt, um die auf den entsprechenden Netzzustand möglichen Folgezustände eindeutig zu bestimmen (und damit alle möglichen Folgemarkierungen angeben zu können).

Sehr allgemeine und formale Einführungen in Petrinetze finden sich beispielsweise in den Monographien von Baumgarten [3], Murata [12] und Starke [28]. Den Scherpunkt auf stochastische Petrinetze legt German in [7]. Höhere Petrinetze werden von Smith in [27] und [26] formal und dennoch leicht verständlich eingeführt. Aus dem Blickwinkel ingenieurwissenschaftlicher Anwendungen finden sich bei Schnieder [19] und Abel [2] formale Grundlegungen. Es sei hier erwähnt, dass insbesondere Schnieder das Einsatzspektrum der netzbasierten Modellierung in der Automatisierungstechnik seit den späten 80ger Jahren anhand praktischer Anwendungsfälle aufzeigt, siehe hierzu bspw. [20], [21] und [18]. Zudem war sein Institut federführend an der Erstellung des Internationalen

Standards IEC 62551-ed. 1.0 „Analysis techniques for dependability – Petri net techniques" [1], erschienen im Oktober 2012, beteiligt.

Für spezifische Fragestellungen im Kontext der Zuverlässigkeit sei auf Schneeweiss [17], für den Bezug zur logischen Deduktion auf Lautenbach [9] hingewiesen. An letzter Stelle sei das Grundlagenwerk von Carl Adam Petri von 1962 empfohlen [15].

Zunächst werden in diesem Abschnitt rein kausale, zeitlose Petrinetze eingeführt. Hierauf aufbauend folgt die Vorstellung von zeitbehafteten Netzen. Letztere eignen sich besonders gut, um Systeme mathematisch-kausal zu modellieren.

2.3.1 Kausale Petrinetze

Rein kausale Petrinetze zeichnen sich dadurch aus, dass lediglich die Relationen von aktiven und passiven Elementen betrachtet werden; zeitliche Aspekte spielen keine Rolle.

Definition 2.24 (Petrinetz)
Ein *Petrinetz* ist ein Quadrupel $\mathcal{N} = (P, T, F, I)$, mit:

P: ist eine Menge von *Stellen (engl. places)*, sie modellieren die passiven Elemente des Systems.

T: ist eine Menge von *Transitionen (engl. transitions)*, sie modellieren die aktiven Elemente des Systems; es gilt: $P \cap T = \emptyset$.

$F \subseteq (P \times T) \cup (T \times P)$ ist eine *Flussrelation (engl. flow relation)*, sie modelliert die Relationen zwischen den Elementen aus P und T.

$I \subseteq (P \times T)$ ist eine Menge von *Inhibitorkanten (engl. inhibitor arcs)*, sie modellieren den „Nulltest"; es gilt: $F \cap I = \emptyset$.   □

Bemerkung 2.10 (zur Sprachmächtigkeit von Petrinetzen)
Grundsätzlich können Petrinetze als mathematische Objekte oder als Simulationsobjekte angesehen werden. Nutzt man sie als mathematische Objekte, so verbietet man meist die Nutzung von Inhibitorkanten (und weiteren Besonderheiten wie bspw. Prioritäten). Die Sprachmächtigkeit die man mit solchen Netzen erreicht ist „μ-Rekursiv"; in diesen Netzen ist das Erreichbarkeitsproblem entscheidbar [29].

Dienen Petrinetze als Simulationsobjekte, so werden i. A. Inhibitorkanten und ggf. weitere Ergänzungen zugelassen. Die Sprachmächtigkeit die mit solchen Netzen erreicht wird, ist echt größer – sie ist „Turing-Mächtig" oder „Registermaschinen-Mächtig". Der Nachteil bei dieser Sprachklasse ist, dass das Erreichbarkeitsproblem im Allgemeinen nicht mehr entscheidbar ist (siehe wieder [29]).

Im Bereich der Ingenieurwissenschaften, insbesondere in der praktischen Anwendung von Petrinetzen zur Modellierung und Analyse von realen Systemen, werden diese meist als Simulationsobjekte eingesetzt. Die mathematische Analyse mittels Petrinetzen tritt dabei generell in den Hintergrund, kann die simulativen Analysen jedoch durch strukturelle Aussagen flankieren.

Festlegung 2.4 (Symbolik der Petrinetze)

Meist werden Petrinetze grafisch dargestellt; dann werden Stellen durch Kreise oder Ovale, Transitionen durch Quadrate oder Rechtecke und Elemente der Flussrelation durch gerichtete Kanten repräsentiert. Ein Element $(a, b) \in F$ wird daher durch eine gerichtete Kante von a nach b symbolisiert.   □

Definition 2.25 (ungerichteter Pfad, schwach zusammenhängend)

Es sei $\mathcal{N}$ ein Petrinetz. Ein *ungerichteter Pfad in $\mathcal{N}$* ist eine Kantenfolge

$$(v_1, v_2), (v_2, v_3), \ldots, (v_{l-1}, v_l), (v_l, v_{l+1})$$

mit $(v_i, v_{i+1}) \vee (v_{i+1}, v_i) \in F \cup I$.

Das Petrinetz $\mathcal{N}$ heißt *schwach zusammenhängend*, falls

$$\forall x, y \in P \cup T : \text{ es gibt einen ungerichteten Pfad von } x \text{ nach } y. \qquad □$$

Definition 2.26 (Teilnetz)

Es sei $\mathcal{N} = (P, T, F, I)$ ein Petrinetz. Das Petrinetz $\mathcal{N}' = (P', T', F', I')$ bezeichnen wir als Teilnetz von $\mathcal{N}$, wenn

$$P' \subseteq P, \quad T' \subseteq T, \quad \text{sowie} \quad F' = F \cap (P' \times T') \cup (T' \times P')$$
$$\text{und} \quad I' = I \cap (P' \times T').$$

□

Definition 2.27 (Stellen-/Transitionsnetz)

Ein *Stellen-/Transitionsnetz* ist ein Quintupel $\mathcal{N} = (P, T, F, I, L)$, mit:

$$(P, T, F, I): \text{ ist ein Petrinetz.}$$
$$L: \text{ ist eine Funktion } F \cup I \longrightarrow \mathbb{N}.$$

Dabei bezeichnen wir mit $L(a, b)$ das *Label* der Kante (a, b). Oftmals wird diese Funktion auch mit W (für engl. *weight*) *Gewicht* bezeichnet. Falls $L(a, b) = 1 \; \forall (a, b) \in F \cup I$, so verzichtet man meist darauf, L explizit anzugeben und schreibt kurz $\mathcal{N} = (P, T, F, I)$.

Statt *Stellen-/Transitionsnetz* schreiben wir meist kurz *S/T-Netz* (engl. *P/T-net*).   □

Definition 2.28 (Markierung)

Eine Markierung m eines S/T-Netzes $\mathcal{N} = (P, T, F, I, L)$ ist definiert als Funktion

$$m : P \longrightarrow \mathbb{N}.$$

Die Markierungen der Stellen werden durch schwarze Punkte, genannt *Tokens*, spezifiziert.   □

Definition 2.29 (aktiviert, schalten, Folgemarkierung)
Es sei $\mathcal{N} = (P, T, F, I, L)$ ein S/T-Netz und m eine Markierung. Die Transition $t \in T$
ist unter m *normal-aktiviert, n-aktiviert* oder *n-enabled*, (in Zeichen $m[t_n\rangle$), falls

$$\forall p \in \{p | (p, t) \in F\} : m(p) \geqq L(p, t).$$

Die Transition $t \in T$ ist unter m *inhibitor-aktiviert, i-aktiviert* oder *i-enabled*, (in Zeichen
$m[t_i\rangle$), falls

$$\forall p \in \{p | (p, t) \in I\} : m(p) \lneqq L(p, t).$$

Falls $m[t_n\rangle$ und $m[t_i\rangle$, in Zeichen $m[t_{ni}\rangle$, kann t *schalten* (oder: *feuern*), in Zeichen
$m[t\rangle$, und dadurch die Markierung m in eine *Folgemarkierung* m' überführen (in Zeichen
$m[t\rangle m'$), mit

$$m'(p) := \begin{cases} m(p), & \text{falls } (p, t) \wedge (t, p) \notin F \\ m(p) + L(t, p), & \text{falls } (t, p) \in F \wedge (p, t) \notin F \\ m(p) - L(p, t), & \text{falls } (p, t) \in F \wedge (t, p) \notin F \\ m(p) - L(p, t) + L(t, p), & \text{falls } (p, t) \wedge (t, p) \in F. \end{cases}$$

$\square$

Feststellung 2.1 (zu Inhibitorkanten)
Da L auch für Inhibitorkanten definiert ist, können Inhibitorkanten nun nicht mehr ausschließlich den „Nulltest" modellieren, sondern allgemeiner den „echt kleiner als Test".

Die durch Schalten einer Transition t unter Markierung m erreichte Folgemarkierung
m' wird nach dieser Definition ausschließlich durch die Markierung m und den Label an
Kanten aus F spezifiziert; Inhibitorkanten wirken sich ausschließlich auf die Aktiviertheit
einer Transition aus, nicht jedoch auf die Folgemarkierung falls eine Transition schaltet.
Inhibitorkanten sind damit reine „Testkanten".

Definition 2.30 (Menge aller erreichbaren Markierungen)
Es sei $\mathcal{N} = (P, T, F, I, L)$ ein S/T-Netz, m_0 eine Markierung und $t \in T$. Dann ist die
Menge aller erreichbaren Markierungen (in Zeichen: $[m_0\rangle$) wie folgt definiert:

$$m_0 \in [m_0\rangle$$
$$m \in [m_0\rangle \wedge m[t\rangle m' \implies m' \in [m_0\rangle.$$

$\square$

Definition 2.31 (Erreichbarkeitsgraph)
Es sei $\mathcal{N} = (P, T, F, I, L)$ ein S/T-Netz, m_0 eine Anfangsmarkierung und $m \in [m_0\rangle$. Der
Erreichbarkeitsgraph $RG\big((\mathcal{N}, m_0)\big) = (V, E)$ von $(\mathcal{N}, m)$ ist ein gerichteter Graph, mit

$V = [m_0\rangle$ ist die Menge von Knoten (engl. *vertexes*)

$E = \{(m, t, m') | m[t\rangle m'\}$ ist die Menge von beschrifteten Kanten (engl. *edges*).

Meist werden die Labels (m, t, m') mittels der Labelabbildung kurz als t geschrieben:

$$L(E) = \{t \in T | \exists (M, t, M') \in E\}. \qquad \square$$

2.3.2 Stochastische Petrinetze

Das zeitliche Verhalten technischer Systeme lässt sich in der Regel nicht für jeden Einzelfall bestimmen. Daher geht man auf Basis empirischen Wissens zu einer verdichteten, meist stochastischen Zeit-Modellierung über (siehe [19]). Wir werden an dieser Stelle auf eine formale Einführung stochastischer Petrinetze verzichten und lediglich die intuitive Grundidee vorstellen.

Informale Definition 2.2 (Stochastische Petrinetze)
Stochastische Petrinetze erhält man aus rein kausalen Petrinetzen, indem diese um Wahrscheinlichkeitsfunktionen die sich meist auf Zeitdauern beziehen, erweitert werden. Meist werden diese Funktionen Transitionen zugeordnet und als *Schaltdauer* interpretiert: Die Schaltdauer repräsentiert die Zeitdauer, die eine Transition (in der Regel) kontinuierlich aktiviert sein muss, ehe sie schalten kann. Man kann daher in stochastischen Netzen zeitlose von zeitbehafteten Transitionen unterscheiden. Darüber hinaus können sowohl zeitlosen als auch zeitbehafteten, in Konflikt stehenden Transitionen Schaltwahrscheinlichkeiten zugeordnet werden.

Grundsätzlich werden in stochstischen Petrinetzen vier unterschiedliche Transitionstypen grafisch voneinander unterschieden, vgl. hierzu auch Abb. 2.9:

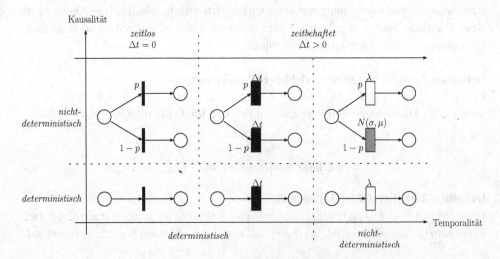

Abb. 2.9 Modellierungskonzepte für Kausalität, Temporalität und Determinismen und Nichtdeterminismen

1. *Zeitlose Transitionen*, und damit deterministische Transitionen, werden durch ausgefüllte dünne Balken symbolisiert.
2. *Zeitbehaftete deterministische Transitionen*, d. h. Transition mit fixer Zeitdauer, werden durch ausgefüllte dicke (schwarze) Balken symbolisiert.
3. *Geometrisch und exponentialverteilte Transitionen*, d. h. die beiden einzigen „gedächtnislosen" Verteilungsfunktionen, werden durch unausgefüllte (weiße) Balken symbolisiert.
4. *Zeitbehaftete Transitionen mit beliebiger Verteilung* werden durch graue Balken symbolisiert.

2.4 Zentrale Konstituenten der Semiotik

Als Grundlage zur Beschreibung der Implikationen systemischer Hierarchiebildung auf entsprechende Sprachhierarchien werden an dieser Stelle *Bezeichnungen* und *Begriffe* sowie die möglichen Relationen zwischen diesen eingeführt. Bezeichnungen und Begriffe sind zwei zentrale Konstituenten der Semiotik, die ausführlich in Abschn. 3.4 behandelt wird. Dort wird auch ihr Verhältnis zur Systemtheorie erarbeitet und formalisiert.

Der vorliegende Abschnitt beschränkt sich auf die Aspekte, die zur Darlegung der genannten Relationen in Abschn. 3.3 „Hierarchie und Emergenz" notwendig sind.

Für Bezeichnungen und Begriffe legen wir daher hier Folgendes fest:

- *Begriffe* sind kognititve Abbildungen realer Objekte.
- *Bezeichnungen* sind sprachliche, lautliche oder anderweitige Darstellungen von Begriffen.

2.4.1 Relationen zwischen Bezeichnungen und Begriffen

Grundsätzlich und allgemein existieren unterschiedliche Relationen zwischen Bezeichnungen und Begriffen. Insbesondere können viele interpersonelle kommunikative Probleme auf Mehrfachbenennungen und Mehrdeutigkeiten zurückgeführt werden [22]:

- Bei Mehrfachbenennungen liegen für einen Begriff mehrere Bezeichnungen vor, die Mononymie ist daher verletzt. Man bezeichnet dies als *Synonymie*.
- Bei Mehrdeutigkeiten können Bezeichnungen auf unterschiedliche Weise kognitiv abgebildet werden, d. h. es existieren für eine Bezeichnung mehrere Begriffe, die Monosemie ist daher verletzt. Bezeichnet wird dies allgemein als *Ambiguität*, im Besonderen als *Homonymie*, falls die Begriffe einen unterschiedlichen etymologischen Ursprung haben und als *Polysemie*, falls sie einen gemeinsamen etymologischen Ursprung haben (siehe [5, 23]).

- Eine *sprachliche Lücke* entsteht, wenn zu einem Begriff keine Bezeichnung existiert. Ein reales Objekt, ein Verhalten o. ä. ist dann zwar kognitiv erfassbar, jedoch nicht bezeichenbar.
- Eine *kognitive Lücke* ist ein Analogon zur sprachlichen Lücke: Zu einer gegebenen Bezeichnung existiert kein Begriff, keine kognitive Abbildung.

Abbildung 2.10 spezifiziert die Relationen zwischen Bezeichnungen und Begriffen als UML-Klassendiagramm mit entsprechenden Kardinalitäten.

Erläuterung 2.1 (zu Abb. 2.10)
Besteht bspw. eine 1 : 1-Beziehung von Bezeichnungen L zu Begriffen B, so spricht man von *Monosemie*, d. h. einer Bezeichnung $l_i \in L$ ist genau ein Begriff $b_j \in B$ zugeordnet. Demgegenüber liegt *Ambiguität* vor, wenn einer Bezeichnung $l_k \in L$ mehrere Begriffe $b_m, \ldots, b_n$ zugeordnet sind.

Analoges gilt für *Mononymien* und *Synonymien*: Besteht eine 1 : 1-Beziehung von Begriffen B zu Bezeichnungen L, so spricht man von *Mononymie*, d. h. einem Begriff $b_i \in B$ ist genau eine Bezeichnung $l_j \in L$ zugeordnet. Demgegenüber liegt *Synonymie* vor, wenn einem Begriff $b_k \in B$ mehrere Bezeichnungen $l_m, \ldots, l_n$ zugeordnet sind.

Bemerkung 2.11 (sprachliche Lücke)
In der Wissenschaft wie auch in der industriellen Forschung und Entwicklung entstehen fortwährend neue Erkenntnisse oder Produkte. Für diese neuen Erkenntnisse oder Produkte existieren in den entsprechenden Fachsprachen im Allgemeinen zunächst keine passenden Bezeichnungen. Dies sei hier als *sprachliche Lücke* bezeichnet (oftmals auch *semantische Lücke* [8, 11]). Durch „Erfinden" neuer sprachlicher Ausdrücke versucht man in der Folge diese Lücke zu schließen. Vor dem Hintergrund der oben genannten interpersonellen kommunikativen Probleme sollte beim Erfinden neuer sprachlicher Ausdrücke Mononymie und Monosemie gewährleistet werden.

Das entgegengesetzte Ziel, durch sprachliche Lücken die „Gedanken zu verkürzen" lässt George Orwell mit der Sprache „Neusprech" in seinem Roman „1984" verfolgen:

Abb. 2.10 Relationen zwischen Bezeichnungen und Begriffen, vgl. [22]

„Siehst du denn nicht, daß die Neusprache kein anderes Ziel hat, als die Reichweite des Gedankens zu verkürzen? Zum Schluß werden wir Gedankenverbrechen buchstäblich unmöglich gemacht haben, da es keine Worte mehr gibt, in denen man sie ausdrücken könnte."

und

„Mit jedem Jahr [...] wird die Reichweite des Bewußtseins immer kleiner und kleiner werden." (aus: George Orwell, „1984" [14]).

Bemerkung 2.12 (zu Abb. 2.11)
In Abb. 2.11 ist eine auf Basis von Abb. 2.10 alternative und erweiterte Darstellung von Relationen zwischen Bezeichnungen und Begriffen zu sehen.

Erläuterung 2.2 (zu Abb. 2.11)
Auf der x- und y-Achse sind die Kardinalitäten von Bezeichungen und Begriffen aufgetragen:

- Falls einer Bezeichnung mehrere Begriffe zugeordnet sind spricht man von *Ambiguität*, entsprechendes gilt für *Synonymie*.
- Als Pendant zur schon oben identifizierten sprachlichen Lücke ist hier auch die *kognitive Lücke* identifiziert: Zu einer Bezeichnung existiert keine kognitive Abbildung. Es besteht also eine $1:0$-Beziehung zwischen Bezeichnung und Begriff.

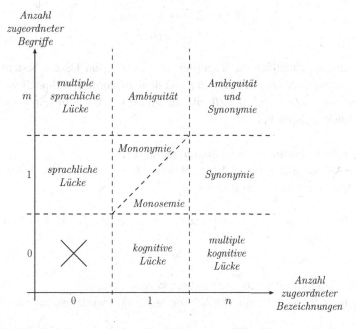

Abb. 2.11 Mögliche Relationen zwischen Bezeichnungen und Begriffen ($m, n \geqq 2$)

- Darüber hinaus sind *multiple sprachliche Lücken* bzw. *multiple kognitive Lücken* Verallgemeinerungen sprachlicher bzw. kognitiver Lücken, also die Folgen entsprechender $0:m$- bzw. $n:0$-Beziehungen.
  Bei einer $n:m$-Beziehung zwischen Bezeichungen und Begriffen muss sowohl mit Ambiguitäten als auch mit Synonymien gerechnet werden.
- Schließlich spricht man von Monosemie, falls einer Bezeichnung genau ein Begriff zugeordnet ist; von Mononymie entsprechend, falls einem Begriff genau eine Bezeichnung zugeordnet ist.
- Der Fall, dass für ein Etwas weder eine sprachliche noch eine kognitive Repräsentation existiert, wird im Folgenden nicht weiter betrachtet ($0:0$-Beziehung zwischen Bezeichnungen und Begriffen).

2.4.2   Formalisierung der Relationen zwischen Bezeichnungen und Begriffen

Definition 2.32 (Menge aller Lexeme, Lexem)
Die Menge aller Lexeme $\mathcal{L}$ wird definiert auf Basis des Tripels (L, B, k), mit:

- L ist die Menge aller *Bezeichnungen* (auch *Lemmata*),
- B ist die Menge aller *Begriffe* und
- k ist eine Relation definiert durch:

$$k : L \longrightarrow B, \quad \text{mit}$$
$$l \longrightarrow k(l) \in B.$$

Ein Lexem *lex* ist schließlich das Tupel *lex* $= (l, k(l))$. Ein Lexem besteht daher aus einer Bezeichnung (oder einem Lemma) l und dem zugeordneten Begriff $k(l) \in B$. Zu beachten ist hierbei, dass auch $\emptyset \in B$ gilt, mithin $k(l) = \emptyset$ erfüllt sein kann, was einer kognitiven Lücke entspräche.   □

Folgerung 2.3 (einschränkende Bedingungen für k)
Es sei $\mathcal{L}$ die Menge aller Lexeme. Ist die Relation $k : L \longrightarrow B$ eine Abbildung (siehe Definition 2.6), so erfüllt k zwei Bedingungen:

- Zu jeder Bezeichnung $l \in L$ existiert auch mindestens ein Begriff $b = k(l)$:

$$\forall l \; \exists b, \quad \text{mit } b = k(l).$$

Damit sind kognitive Lücken grundsätzlich ausgeschlossen.
- Die zweite Bedingung die von der Abbildung k erfüllt wird, lässt sich mit $b_1, b_2 \in B$ durch

$$(l, b_1) \in k \wedge (l, b_2) \in k \Longrightarrow b_1 = b_2$$

formulieren. Demnach existiert zu jeder Bezeichnung höchstens ein Begriff (Monosemie); Ambiguitäten können ausgeschlossen werden.

Wird also die Menge der betrachteten Lexeme derart eingeschränkt, dass die entsprechenden Bezeichungen auf Begriffe abgebildet werden können und nicht nur allgemein zu diesen in Relation stehen, so reduzieren sich die möglichen Relationen wie in Abb. 2.12 dargestellt, hierbei gelte $m, n \geqq 2$.

Ist die Umkehrrelation $k^{-1} : B \longrightarrow L$ eine Abbildung, so gilt analog:

- Zu jedem Begriff $b \in B$ existiert auch mindestens eine Bezeichnung $l = k^{-1}(b)$:

$$\forall b \; \exists l, \quad \text{mit } l = k^{-1}(b),$$

  d. h. k ist surjektiv; sprachliche Lücken sind grundsätzlich ausgeschlossen.
- Die zweite Bedingung die von der Abbildung k^{-1} erfüllt wird, lässt sich mit $l_1, l_2 \in B$ durch

$$(b, l_1) \in k^{-1} \wedge (b, l_2) \in k^{-1} \Longrightarrow l_1 = l_2$$

spezifizieren: Zu jedem Begriff existiert höchstens eine Bezeichnung (Monosemie), d. h. k ist injektiv; Synonymien können ausgeschlossen werden.

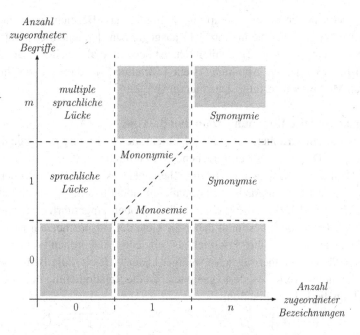

Abb. 2.12 Mögliche Relationen zwischen Bezeichnungen und Begriffen, k ist Abbildung

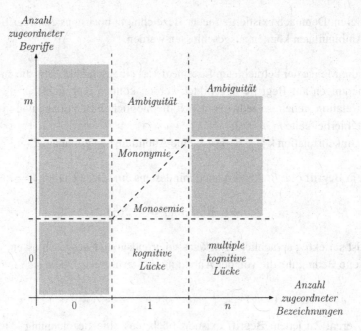

Abb. 2.13 Mögliche Relationen zwischen Bezeichnungen und Begriffen, k^{-1} ist Abbildung

Werden die betrachteten Lexeme derart eingeschränkt, dass Bezeichnungen auf Begriffe abgebildet werden, können die in Abb. 2.13 ausgegrauten Bereiche ausgeschlossen werden (es gelte wieder $m, n \geqq 2$). Schließlich: Ist sowohl k als auch k^{-1} als Abbildung definiert, d. h. ist k bijektive Abbildung (siehe Definition 2.7), dann ist sowohl Monony- mie als auch Monosemie erfüllt, siehe hierzu Abb. 2.14.

Folgerung 2.4 (präzise Kommunikation und die Güte von k)
In Kap. 1 wurde mit „Kodierung" ganz allgemein die Zuordnung von Signalen zu Be- griffen und mit „Dekodierung" entsprechend die Zuordnung von Begriffen zu Signalen bezeichnet. Auf dieser Basis wurden unzureichende Kodes zur Kodierung oder Dekodie- rung als eine Ursache für unpräzise Kommunikation identifiziert. Offensichtlich erfolgen Kodierung (k^{-1}) und Dekodierung (k) mittels der oben eingeführten Relation k (vgl. Abb. 2.15); die Güte von k bestimmt daher die Güte der entsprechenden Kodierung und Dekodierung. Hierbei sei „Güte" informell als „eindeutig zuzuordnen" verstanden.

Allgemein lässt sich daher sagen: Je weniger Lexeme $(l, k(l))$ die Bedingungen einer bijektiven Abbildung verletzen, desto geeigneter ist die Relationierung durch k und desto präziser erfolgt die Kommunikation.

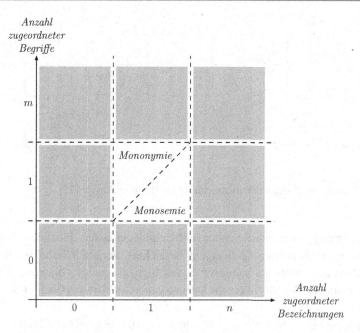

Abb. 2.14 Mögliche Relationen zwischen Bezeichnungen und Begriffen $(m, n \geqq 2)$: k ist bijektive Abbildung

Folgerung 2.5 (intrapersonelle Kommunikationsunschärfen und -fehler)
Die identifizierten Kommunikationsunschärfen und -fehler wie bspw. Ambiguitäten oder Synonymien können selbst intrapersonell auftreten: Durch mangelnde Bedeutungs- oder Sprachkenntnis eines Individuums (vgl. hierzu Abschn. 3.4.2).

Folgerung 2.6 (interpersonelle Kommunikationsunschärfen und -fehler)
Neben den als „intrapersonell" bezeichneten Kommunikationsproblemen seien nun die interpersonellen betrachtet. Die Gründe für solche liegen in unterschiedlichen Sender- und Empfängerkodes: Sender- und Empfänger arbeiten mit unterschiedlichen Lexemmengen. Zur Veranschaulichung ist in Abb. 2.15 das schon in der Einleitung eingeführte Kommunikationsmodel nach Shannon und Weaver (siehe Abb. 1.1) mit den nun bekannten Bezeichungen dargestellt. Durch $\mathcal{L}_s = (L, B_s, k_s)$ sei die Menge der Lexeme auf denen der Sender operiert und durch $\mathcal{L}_e = (L, B_e, k_e)$ sei die Menge der Lexeme auf denen der Empfänger operiert, spezifiziert. Im Allgemeinen werden dann Bezeichnungen von Sender und Empfänger aufgrund unterschiedlicher Kodes k_s und k_e unterschiedlichen Begriffen zugeordnet, d. h. im Allgemeinen:

$$l \in L, \quad k_s \neq k_e \implies k_s(l) \neq k_e(l).$$

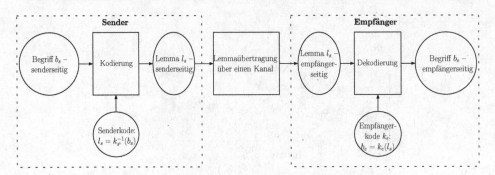

Abb. 2.15 Kommunikationsmodell in Anlehnung an Shannon/Weaver [25]

Eine Bezeichnung evoziert bei Sender und Empfänger unterschiedliche Begriffe, dies kann als *interpersonelle Begriffsdivergenz* bezeichnet werden. Hierbei ist zu beachten, dass dies auch dann auftreten kann, wenn sowohl k_s als auch k_e bijektive Abbildungen sind: Interpersonelle Begriffsdivergenz korrespondiert nicht zwangsläufig mit Ambiguitätenbildung.

Analog kann auf verschiedene Bezeichnungen trotz identischer Begriffe bei Sender und Empfänger geschlossen werden; dies ebenfalls trotz bijektiver Abbildungen k_s und k_e. Man würde entsprechend von *interpersoneller Bezeichnungsdivergenz* sprechen (vgl. hierzu wieder Abschn. 3.4.2).

Beispiel 2.2 (interpersonelle Begriffsdivergenz)
Es sei
$$l = \text{„Überlebenswahrscheinlichkeit"}$$
$$k_s(l) = R(t) = e^{-\lambda t}$$
$$k_e(l) = A = \lim_{t \to \infty} A(t).$$

Dann ist
$$e^{-\lambda t} = R(t) = k_s(l) \neq k_e(l) = A = \lim_{t \to \infty} . \qquad \square$$

Literatur

1. IEC 62551. *IEC 62551 – Ed.1.0, Analysis techniques for dependability – Petri net techniques.* International Electrotechnical Commission, 2012.

2. Dirk Abel. *Petri-Netze für Ingenieure: Modellbildung und Analyse diskret gesteuerter Systeme.* Berlin, Germany: Springer-Verlag, 130 Seiten, 1990.

3. Bernd Baumgarten. *Petri-Netze: Grundlagen und Anwendungen.* Spektrum Akademischer Verlag, 1996.

4. Raphael Diepgen, Wilhelm Kuypers und Karlheinz Rüdiger. *Stochastik.* Cornelsen Verlag, 1993.

5. DIN. Begriffe der Terminologielehre, 2004.

6. Martin Fowler. *UML konzentriert – Eine kompakte Einführung in die Standard-Objektmodellierungssprache*. Addison Wesley Verlag, 2004.

7. R. German. *Performance Analysis of Communication Systems – Modeling with Non-Markovian Stochastik Petri Nets*. Wiley, 2000.

8. Dietrich Homberger. *Sprachwörterbuch zur Sprachwissenschaft*. Reclam, Stuttgart, 2003.

9. Kurt Lautenbach. *Logical reasoning and petri nets*. In Wil M. P. van der Aalst und Eike Best, editors, *Applications and Theory of Petri Nets 2003, 24th International Conference, ICATPN 2003, Eindhoven, The Netherlands, June 23-27, 2003, Proceedings*, volume 2679 of *Lecture Notes in Computer Science*, pages 276–295. Springer, 2003.

10. Jürgen Lehn und Helmut Wegmann. *Einführung in die Statistik*. Teubner Studienbücher Mathematik, 1992.

11. Barbara Lewandowska-Tomaszczyk. Lexical Problems of Translation. In Harald Kittel, Paul Armin Frank, Norbert Greiner, Theo Hermans, Werner Koller, José Lambert und Fritz Paul, editors, *Ein internationales Handbuch zur Übersetzungsforschung*, volume 26 of *Handbücher zur Sprach- und Kommunikationswissenschaft*, pages 455–465. de Gruyter, Berlin, 2004.

12. Tadao Murata. Petri nets: properties, analysis and application. In *Proceedings of the IEEE*, volume 77, pages 541–580, 1989.

13. Bernd Oestereich. *Die UML Kurzreferenz – kurz, bündig, ballastfrei*. Oldenburgverlag München, Wien, 2002.

14. George Orwell. *1984 (Original: „NINETEEN EIGHTY-FOUR")*. Ullstein, 1984 (Original von 1949).

15. Carl Adam Petri. *Kommunikation mit Automaten*. Schriften des Institutes für instrumentelle Mathematik, Bonn, 1962.

16. Harald Scheid und Lutz Warlich. *Mathematik für Lehramtskandidaten, Band 1: Mengen, Relationen, Abbildungen*. Aula-Verlag, Wiesbaden, 1984.

17. Winfried G. Schneeweiss. *Petri Nets for Reliability Modeling (in the Fields of Engineering Safety and Dependability)*. LiLoLe-Verlag GmbH (Publ. Co. Ltd.), Germany, 1999.

18. Eckehard Schnieder. *Petrinetze in der Automatisierungstechnik*. Oldenbourg-Verlag, München, 1992.

19. Eckehard Schnieder. *Methoden der Automatisierung – Beschreibungsmittel, Modellkonzepte und Werkzeuge für Automatisierungssysteme*. Vieweg Verlag, 1999.

20. Eckehard Schnieder und H. Gückel. Petrinetze in der Automatisierungstechnik (Teil 1). atp, 37(5):173–181, 1989.

21. Eckehard Schnieder und H. Gückel. Petrinetze in der Automatisierungstechnik (Teil 2). atp, 37(6):234–241, 1989.

22. Lars Schnieder. *Formalisierte Terminologien technischer Systeme und ihrer Zuverlässigkeit*. Dissertation, Technische Universität Braunschweig, 2010.

23. Monika Schwarz. *Semantik – Ein Arbeitsbuch*. Narr Verlag, Tübingen, 1996.

24. Uwe Schöning. *Logik für Informatiker*, volume 56 of *Reihe Informatik*. BI Wissenschaftsverlag, 1992.

25. Claude E. Shannon und Warren Weaver. *Mathematical Theory of Communication*. University of Illinois Press, Urbana 1949.

26. Einar Smith. Principles of High-Level Net Theory. *Lecture Notes in Computer Science: Lectures on Petri Nets I: Basic Models*, 1491:174–210, 1998.

27. Einar Smith. A survey on high-level Petri-net theory. In *EATCS Bull.*, pages 59:267–293, June 1996.

28. Peter H. Starke. *Analyse von Petri-Netz-Modellen*. Stuttgart, Germany: Teubner, 1990. Newsletter Info: 38.

29. Lutz Priese; Harro Wimmel. *Theoretische Informatik: Petri-Netze*. Springer, 2003.

Systemtheoretische und semiotische Eigenschaften und Formalisierung

3

Das Ziel dieses Kapitels ist es, den Leser für die enge Relationierung von System- und Sprach-Hierarchieebenen zu sensibilisieren. Nach einer kurzen, fragmentarischen Betrachtung der historischen Entwicklung der Systemtheorie, wird hierzu eine in der Literatur verbreitete Klassifizierung von Systemen vorgestellt und formal gefasst. Die Definition einer strengen Ordnung auf Systemen ermöglicht es, im Anschluss die essentiellen Konzepte „Hierarchie" und „Emergenz" formal einzuführen und ihre enge Verwandtschaft offenzulegen. Damit kristallisieren sich am Ende von Abschn. 3.3 erste Relationen zwischen Systemen und Sprachen in Form von *intra-* und *intersystemischen Sprachen* heraus.

Die Verschränkung systemtheoretischer und semiotischer Konzepte findet in Abschn. 3.4 statt: Nachdem die Konstituenten der Semiotik eingeführt und die historische Entwicklung fragmentarisch vorgestellt wurde, wird mit dem trilateralen Zeichenmodell das Konzept der *Varietät* eingeführt. Ist dies geschehen, lässt sich in Abschn. 3.4.2 die Relationierung von System- und Sprachhierarchien formal und dennoch quasi-plastisch darstellen: kognitive wie sprachliche Lücken lassen sich als Folge von Abstraktion bzw. Emergenz und Synonymie- wie Ambiguitätenbildung auf die Vereinigung von Bezeichnungs- bzw. Begriffsmengen formal zurückführen.

Die Darstellung der intensionalen Attributhierarchie des Begriffs in Abschn. 3.4.3 zusammen mit der entsprechenden Adaption dieser auf den Gegenstandsbereich dieser Arbeit (Konvention 3.4) ermöglicht schließlich die Darstellung auch der Binnenstruktur (siehe [34]) der in den folgenden Kapiteln vorzustellenden zentralen Begriffe der technischen Verlässlichkeit.

© Springer-Verlag Berlin Heidelberg 2015
J.R. Müller, *Die Formalisierte Terminologie der Verlässlichkeit Technischer Systeme,*
DOI 10.1007/978-3-662-46922-4_3

3.1 Historischer Abriss

Grundlage der folgenden Angaben zur Historie ist „Geschichte des Systemdenkens und des Systembegriffs" von Roland Müller [28]; weiterführende Literaturquellen werden jeweils angegeben.

Bis etwa 1600 wurden für Beschreibungen oder Erklärungen Vergleiche mit Organismen gezogen. So hatte schon Platon den Staat als Körper bezeichnet und die katholische Kirche sieht sich selbst als „Leib Christi".

Ab dem frühen 17. Jahrhundert, insbesondere mit Johannes Keplers Umschreibung des Kosmos als „himmlische Maschine", die er nicht mehr als „göttlich beseeltes Wesen" sondern als Uhrwerk ansah, entwickelte sich ein mechanistisches Weltbild: Leibniz sprach bspw. von Organismen als „natürliche Maschinen" und der Seele als „geistigen Automaten" [22, 30].

Im 18. Jahrhundert verfestigte sich diese Auffassung durch klassische Titel wie Linnés „System naturae" von 1735 [45, 46], Laplaces „Exposition du system du monde" von 1796 [10, 11] und John Daltons „New System of Chemical Philosophy", zitiert nach [8] aus [9]. In dieser Zeit entwickelte auch Isaac Newton seine Theorie zur Gravitationsenergie, mit der er die Erdanziehungskraft einerseits und die planetarischen Umlaufbahnen andererseits erklären konnte ([18], im Original: [29]).

Dennoch standen beide Auffassungen nebeneinander und der Uhrenvergleich von Immanuel Kant [21] kritisierte das mechanistische Verständnis: Weder bringt ein Rad in einer Uhr ein anderes Rad hervor, noch eine Uhr andere Uhren. Eine Uhr kann weder von selbst fehlende Teile ersetzen oder kompensieren noch ‚bessert [sie] sich selbst aus, wenn sie in Unordnung geraten ist'. Die Natur hingegen organisiere sich selbst.

Als eine mögliche Geburtsstunde der allgemeinen Systemtheorie und als Versuch diesen alten Gegensatz zu überwinden, kann die Veröffentlichung des Werks „Zu einer allgemeinen Systemlehre" des Biologen Ludwig von Bertalanffy im Jahr 1948 gezählt werden [41, 51]. Dort kritisiert er die deduktive „Teile und Herrsche"-Methode wie sie in der klassischen Physik bis dato vorherrschte [27, 41].

Wesentliche Einflüsse stammen darüber hinaus bspw. von Shannon und Weaver: Das von ihnen propagierte Kommunikationsmodell unterscheidet Sender und Empfänger als mittels Signale in Kontakt stehende Subsysteme des (übergeordneten) Kommunikationssystems (siehe „Mathematical Theory of Communication" [37] und Abb. 1.1 und 2.15). Weiter sei Norbert Wiener erwähnt, der maßgeblich an der Entwicklung und Definition der Kybernetik als „die Lehre von der Steuerung von Systemen" beteiligt war (siehe [49] und [50]).

3.2 Grundlagen von Systemen

3.2.1 Die Konstituenten von Systemen

Informale Definition 3.1 (System)
Die Konstituenten von *Systemen* werden i. A. wie folgt spezifiziert: Systeme bestehen

- aus mehreren Teilsystemen, die
- direkt oder indirekt miteinander in Beziehung stehen und interagieren und
- ein bestimmtes Ziel verfolgen.

Bei dieser Beschreibung von Systemen wird vorausgesetzt, dass das *Systemziel* definiert werden kann und das Systeme selbst in einer Weise in Teilsysteme unterteilt werden können, die durch Beziehungen Interaktionen erlauben.

Bemerkung 3.1 (zu Definition „System")
In Anlehnung an die Begriffsdefinition zu „Technik" von Carl Friedrich von Weizäcker „Technik ist die Bereitstellung von Mitteln zur Erfüllung von Zwecken", können Systeme auf Basis der oben genannten Konstituenten zyklisch definiert werden: „Ein System besteht aus *Teilsystemen die interagieren und ein Ziel verfolgen (mittels Teilsystemen die ...)*" (siehe Abb. 3.1, vgl. auch die Darstellung in [33] zur zyklischen Definition von „Technik").

Informale Definition 3.2 (Systemphilosophie nach [33])
Nach Schnieder lässt sich die „Systemphilosophie" durch vier Axiome begründen, die sich als außerordentlich tragfähig erwiesen haben. Die folgenden Axiome sind daher aus [33], S. 49 f. zitiert:

- *Das Strukturprinzip (Axiom 1):*
  Das System besteht aus einer Menge von Teilen, die untereinander und mit der (System-)Umgebung in wechselseitiger Beziehung stehen. Die Teile des Systems werden durch Größen beschrieben. Die Werte der Größen eines Systems kennzeichnen seinen Zustand. Um das System gegenüber der Umgebung abzugrenzen, ist eine Eigenständigkeit des Systems erforderlich [...].
- *Das Dekompositionsprinzip (Axiom 2):*
  Das System besteht aus einer Menge von Teilen, die ihrerseits wieder in eine Anzahl in wechselseitiger Beziehung stehender Unterteile zerlegt werden können. Im Detail betrachtet, weisen die Unterteile wiederum eine gewisse Komplexität, d. h. allgemeine Systemmerkmale auf.
- *Das Kausalitätsprinzip (Axiom 3):*
  Ein System besteht aus einer Menge von Teilen, deren Beziehungen untereinander und deren Veränderungen selbst eindeutig determiniert sind. Im Sinne eines kausalen

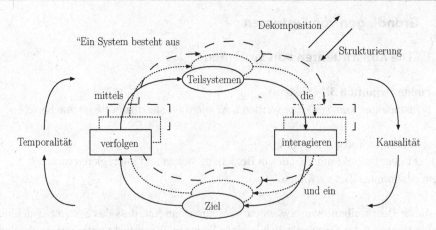

Abb. 3.1 Schematische Darstellung der Systemdefinition (vgl. [33])

Wirkungszusammenhangs können spätere Zustände nur von ihnen vorangegangenen abhängig sein. Kausalität wird als Logik von Abläufen verstanden.

- *Das Temporalprinzip (Axiom 4)*:
  Das System besteht aus einer Menge von Teilen, deren Struktur oder Zustand mehr oder weniger zeitlichen Veränderungen unterliegt. Temporalität ist die zeitliche Folge von Abläufen und Veränderungen.

Erläuterung 3.1 (zur Definition von Systemphilosophie und Abb. 3.1)
Abb. 3.1 stellt die zyklische Definition von Systemen schematisch dar. Darüber ist die Anwendung der Systemaxiome verortet:

- Durch Strukturierung von Teilsystemen (auf niedriger Ebene) werden neue Systeme (auf höheren Ebenen) konstituiert. Diese Strukturierung basiert auf entsprechenden Beziehungen zwischen den Teilsystemen (Axiom 1).
- Durch Missachtung von Beziehungen können Teile von Systemen isoliert werden. Ein solch isoliertes Teilsystem besteht selbst wieder aus wechselseitig in Beziehung stehenden Untereilen (Axiom 2).
- Die Interaktionen zwischen den Teilsystemen sind (auf mikroskopischer Ebene) eindeutig determiniert (Axiom 3).
- Das Systemziel wird i. A. mit fortschreitender Zeit durch Verändern von Zustand oder Struktur des Systems erreicht (Axiom 4).

Informale Definition 3.3 (Systemzustand und Umwelt)
Den *Systemzustand* charakterisiert man i. A. als die Menge aller relevanten Werte von Größen, die das System in einem bestimmten Zustand beschreiben. Die *Umwelt* ist eine Menge von Komponenten die zwar nicht Teil des Systems sind; das Verhalten der Umwelt

kann den Systemzustand jedoch beeinflussen. Weiter kann ein System wieder Subsysteme umfassen und kann selbst Teil eines umfassenden Systems sein.

Bemerkung 3.2 (zu den Systemdefinitionen)
Darüber hinaus sind in der Literatur viele, meist sehr ähnliche Systemdefinitionen zu finden, die die in diesem Abschnitt skizzieren Eigenschaften mehr oder weniger explizit berücksichtigen. Wird vorausgesetzt, dass Systeme intuitiv als solche erkannt werden, kann auf eine Definition auch verzichtet werden:

> „No attempt will be made to define sharply the boundaries which delimit the systems under discussion. As is usual in any field, the boundaries are embedded in large gray areas, and the search of an exact location would entail much fruitless discussion." (aus [16], S. 5).

Bemerkung 3.3 (Subjektivität des systemischen Charakters)
Es sei darauf hingewiesen, dass jeweils subjektiv entschieden werden muss, ob ein „Etwas" ein System ist oder nicht: Nicht grundsätzlich steht die Existenz eines Systemziels und damit ein notwendiger Konstituent von Systemen fest. Die gleiche Argumentation gilt für „alle relevanten Eigenschaften die das System in einem bestimmten Zustand beschreiben". Die Relevanz einer Eigenschaft steht i. A. ebenfalls nicht a priori fest.

Definition 3.1 (System, potentielles Verhalten eines Systems)
Ein *System* ist alles, dessen potentielle Sequenzen von Zustandswerten (und damit Änderungen von Zustandswerten) als Sequenz von Zuständen und Zustandsänderungen spezifiziert werden kann.

Als *potentielles Verhalten eines Systems* bezeichnen wir die Sequenzen von Zuständen und Zustandsübergängen dieses Systems.   □

Festlegung 3.1 (technische Systeme)
In dieser Arbeit betrachten wir – soweit nicht explizit anders gesagt – ausschließlich technische Systeme:

1. Technische Systeme sind „körperlich", d. h. materialgebunden. Die Eigenschaften der Materialien beeinflussen das Verhalten technischer Systeme.
2. Technische Systeme sind „umweltrelationiert", d. h. umgebungsgebunden. Die Bedingungen der Umwelt beeinflussen das Verhalten technischer Systeme.
3. Das potentielle Verhalten von Systemen wird in dieser Arbeit mittels Petrinetzen modelliert. Dabei werden die Systemaxiome nach [33] beachtet.

Kontext dieser Arbeit sind daher Systeme deren Verhalten von systeminternen Eigenschaften wie systemexternen Bedingungen abhängt.

In dieser Arbeit werden rein artifizielle Systeme, wie rein logische Deduktionssysteme nicht betrachtet. Solche Systemen besitzen Eigenschaften wie „Überlebensfähigkeit" oder „Verfügbarkeit" nicht.   □

3.2.2 Klassifizierung von Systemen

3.2.2.1 Informale Systemklassifizierung

Weinberg identifiziert in [48] drei grundsätzliche Klassen von Systemen:

Unter Voraussetzung eines reduktionistischen Weltbildes lässt sich ein System vollständig durch seine Einzelteile bestimmen, die separat untersucht werden können. Diese „Teile und Herrsche"-Methode basiert auf drei wesentlichen Voraussetzungen (vgl. [24, 48]):

- Die zu untersuchenden Phänomene bleiben bei Aufteilung eines Systems in seine Systemteile erhalten.
- Die Systemteile verhalten sich separat genau so wie als Teil des Systems.
- Die Systemteile bilden eine einfache Zusammensetzung zu einem Ganzen.

Dieses deterministische, mechanistische Vorgehen ist für alle Systeme gerechtfertigt, die sich durch „organisierte Schlichtheit" (engl. *organized simplicity*) auszeichnen – siehe Abb. 3.2). In ihnen sind die Interaktionen zwischen den Komponenten vollständig bekannt und können paarweise untersucht werden. Dieser reduktionistische Ansatz lieferte die Grundlage für den seit der Aufklärung unaufhaltbar scheinenden Siegeszug der westlichen Wissenschaften [38].

Ein weiterer Typus von Systemen zeichnet sich durch „unorganisierte Komplexität" (engl. *unorganized complexity*) aus: Bei diesen fehlt zumindest die Kenntnis der innenliegenden Struktur (wenn nicht gar die Struktur selber) und damit eine Voraussetzung reduktionistischen Vorgehens. Solche Systeme sind zwar komplex, verhalten sich jedoch regelmäßig und „zufällig genug", um rein statistisch untersucht werden zu können. Daher können sie zum Zwecke der Analyse als strukturlose Masse aufgefasst und mit Hilfe von Durchschnittswerten charakterisiert werden [24, 48].

Ein dritter Typus zeichnet sich durch „organisierte Komplexität" aus (engl. *organized complexity*). Sie sind für vollständige Analysen zu komplex, für rein statistische Analysen

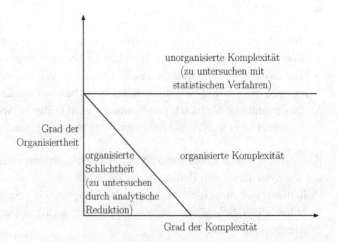

Abb. 3.2 Klassifizierung von Systemen, vgl. [24], ursprünglich aus [48]

jedoch zu organisiert: Die auf rein statistischen Untersuchung beruhenden Durchschnitts-
werte werden hier durch die unterliegende Struktur beeinflusst [24, 48].

Es ist diese organisierte Komplexität, die viele der technischen Nachkriegssysteme charakterisiert. Darüber hinaus können auch biologische und soziale Systeme als organisiert
komplex typisiert werden.

3.2.2.2 Formalisierung der Systemklassifizierung

In diesem Abschnitt werden die oben eingeführten Begriffe formal gefasst. Zunächst werden die oben identifizierten Systemklassen formal definiert. Hierauf aufbauend wird eine
Ordnungsrelation auf Systeme definiert, die, falls zusätzliche Bedingungen erfüllt sind,
eine Hierarchie von Systemen konstituiert. Die Beziehungen zwischen Hierarchieebenen
und emergentem Verhalten werden am Schluss dieses Abschnittes ausgearbeitet.

Konvention 3.1 (Beschränkung auf Kausalität von Systemen)
Im Rahmen der Formalisierung von Systemen beschränken wir uns auf die Betrachtung
des rein kausalen Verhaltens. Eine Erweiterung auf temporales Verhalten hat für die Formalisierung keinen Mehrwert.

Definition 3.2 (zusammenhängendes System)
Ein System S heißt *zusammenhängend*, falls es ein schwach zusammenhängendes Petrinetz $\mathcal{N}(S) = (P, T, F)$ gibt, dessen Erreichbarkeitsgraph das potentielle Verhalten von S
modelliert (vgl. Definition 2.25). $\qquad \square$

Konvention 3.2 (Systeme seien zusammenhängend)
O. B. d. A. werden im Folgenden ausschließlich zusammenhängende Systeme betrachtet;
dabei wird auf die Charakterisierung „zusammenhänged" verzichtet.

Zur Vereinfachung bezeichnen wir das Petrinetzmodell $\mathcal{N}(S)$ eines Systems S kurz
auch mit S.

Feststellung 3.1 (Verhalten von Systemen als Erreichbarkeitsgraph)
Zu jedem System S existiert ein schwach zusammenhängendes Petrinetz $S = (P, T, F)$
mit einer Markierung m, dessen Erreichbarkeitsgraph $RG(\mathcal{N}(S), m)$ das potentielle Verhalten von S explizit beschreibt.

Definition 3.3 (Teilsystem, Schnittmenge und Vereinigung von Systemen)
Es sei $S_u = (P_u, T_u, F_u)$. Das System $S = (P, T, F)$ ist ein *Teilsystem* von S_u, in Symbolen $S \in S_u$, falls

$$(P, T, F) \quad \text{Teilnetz von} \quad (P_u, T_u, F_u) \quad \text{ist.}$$

Für Systeme S, S' mit $S = (P, T, F)$ und $S' = (P', T', F')$ ist die *Schnittmenge von S und S'*, in Symbolen $S \cap S'$, wie folgt definiert:

$$S \cap S' := (P \cap P', T \cap T', F \cap F')$$

Für $S \cap S' = (\emptyset, \emptyset, \emptyset)$ schreibt man kurz $S \cap S' = \emptyset$.

Für Systeme $S, S' \in S_u$ mit $S = (P, T, F)$ und $S' = (P', T', F')$ ist die *Vereinigung von S und S' in S_u*, in Symbolen $S \cup S'$ wie folgt definiert:

$$S \cup S' := \left(P \cup P', T \cup T', F \cup F' \cup \left(F_u \cap \left((P \times T') \cup (P' \times T)\right)\right)\right).$$

Damit spezifiziert $S \cup S'$ wieder ein System und im allgemeinen gilt $RG(S \cup S') \subseteq RG(S) \cup RG(S')$ – durch die „zusätzlichen" Kanten in $S \cup S' \subseteq (S_u \setminus S) \cap (S_u \setminus S')$ wird das Systemverhalten durch gegenseitige Abhängigkeiten eingeschränkt. $\square$

Bemerkung 3.4 (zu Definition 3.3)
Durch die Definition der Vereinigung $(S \cup S')$ von Systemen ist das „Ganze mehr als die Summe der Teile": $RG\,(S \cup S') \subseteq RG\,(P \cup P', T \cup T', F \cup F')$. „Mehr als" ist in folgendem Sinne zu verstehen: Durch die Vereinigung der Systeme entstehen zusätzliche intersystemische Abhängigkeiten. Dies bedeutet ein mehr an Informationen und Bedingungen. Letztlich schränken diese intersystemischen Abhängigkeiten das Systemverhalten ein.

Bemerkung 3.5 (Vorgriff auf Hierarchien und Emergenz)
Das Verhalten des System $S_u := S \cup S'$ entsteht durch intersystemische Beziehungen zwischen den Systemen S und S'. Im Vergleich zum möglichen Verhalten isolierter Systeme S und S' ist das Verhalten von S_u also eingeschränkt, man spricht hier auch von *emergentem Verhalten*. Dieses, relativ zu den Systemen S und S', emergente Verhalten begründet eine neue Hierarchieebene: S_u ist (mindestens) eine Hierarchieebene höher als die Systeme S und S', vgl. Definitionen 3.7 und 3.8.

Konvention 3.3 (S_i und S_j sind disjunkte Systeme)
Für die folgenden Definitionen und Sätze seien $S_1, \ldots, S_n \in S_u$ mit $S_i \cap S_j = \emptyset\ \forall i, j \in \{1, \ldots n\}$ und $S_i = (P_i, T_i, F_i)\ \forall i \in \{1, \ldots n\}$.

Definition 3.4 (abhängige und beeinflussende Systeme, Einfluss)
Die *Menge der von S_i direkt abhängigen Systeme*, in Symbolen S_i°, sei definiert durch

$$S_i^\circ := \left\{ S_j \mid \exists p \in P_i\ \exists t \in T_j : (p, t) \in F_u \right\}.$$

Die *Menge der S_i direkt beeinflussenden Systeme*, in Symbolen $^\circ S_i$, sei definiert durch

$$^\circ S_i := \left\{ S_j \mid \exists p \in P_j\ \exists t \in T_i : (p, t) \in F_u \right\}.$$

Die Menge der S_i beeinflussenden Systeme, in Symbolen $E(S_i)$, sei induktiv definiert durch

$$\text{falls } S_j \in {}^{\circ}S_i \implies S_j \in E(S_i)$$

$$\text{falls } \exists S_j \in E(S_i) \wedge S_k \in {}^{\circ}S_j \implies S_k \in E(S_i).$$

Zu beachten ist, das wegen $S_i \cap S_j = \emptyset$ sowohl $S_i \notin {}^{\circ}S_i$ als auch $S_i \notin S_i^{\circ}$ gilt. □

Folgerung 3.1 (von Definition 3.4)
Die direkte Beeinflussung eines Systems S_i durch ein System $S_j \in {}^{\circ}S_i$ kann nur durch *Einschränken* des Systemverhaltens von S_i erfolgen, nämlich gerade durch die Kante (p, t) von S_j nach S_i – siehe Definition von ${}^{\circ}S_i$.

Da die Definition von $E(S_i)$ auf der von ${}^{\circ}S_i$ induktiv aufbaut, kann die Beeinflussung von Systemen nur durch Einschränken des Systemverhaltens geschehen.

Definition 3.5 (organisiert schlicht und komplex, unabhängig)
Es seien $S_1, \ldots, S_n$ Systeme. Das durch die $\bigcup_{i=1,\ldots,n} S_i$ in S_u gebildete System heißt

- *organisiert schlicht*, in Symbolen $OS(\bigcup_{i=1,\ldots,n} S_i, S_u)$, falls

$$\forall i, j \in \{1, \ldots n\} \quad S_i \in E(S_j) \implies S_j \notin E(S_i).$$

Ein System S bestehend aus zwei Komponenten ist also organisiert schlicht, falls zwischen den beiden Komponenten lediglich eine einseitige Abhängigkeit besteht.
- *organisiert komplex*, in Symbolen $OK(\bigcup_{i=1,\ldots,n} S_i, S_u)$, falls

$$\forall i, j \in \{1, \ldots n\}: \quad S_i \in E(S_j).$$

Ein System S bestehend aus zwei Komponenten ist also organisiert komplex, falls beiden Komponenten in gegenseitiger Abhängigkeit stehen.
- Darüber hinaus heißen zwei Systeme S_i und S_j *unabhängig voneinander*, in Symbolen $U(S_i, S_j)$, falls

$$S_i \notin E(S_j) \wedge S_j \notin E(S_i).$$ □

Beispiel 3.1 (zu Definition 3.5)
Für ein System S bestehend aus zwei Komponenten $comp_1$ und $comp_2$ gilt also

- Bei der kalten Redundanzstruktur aus Abb. 4.13 beeinflusst bspw. das Verhalten von $comp_1$ zwar das Verhalten von $comp_2$, jedoch nicht umgekehrt. Es gilt hier also $comp_2 \in E(comp_1) \wedge comp_1 \notin E(comp_2)$. Die kalte Redundanzstruktur ist damit organisiert schlicht.
- Bei der warmen Redundanzstruktur aus Abb. 4.14 beeinflussen sich $comp_1$ und $comp_2$ gegenseitig. Es gilt hier $comp_2 \in E(comp_1) \wedge comp_1 \in E(comp_2)$. Die warme Redundanzstruktur ist damit organisiert komplex.
- Die Komponenten der Serienstruktur aus Abb. 4.7 wie auch die Komponenten der heißen Redundanzstruktur aus Abb. 4.10 sind jeweils unabhängig voneinander. □

Feststellung 3.2 (unorganisiert komplexe Systeme)
Unorganisiert komplexe Systeme stellen im Vergleich zu organisiert komplexen und organisiert schlichten Systemen eine Besonderheit dar:

Nach Festlegung 3.1 sind alle technischen Systeme „materialbehaftet", bestehen also aus realen Objekten, bspw. aus Schrauben und Drähten. Zwar mögen in der Theorie sowohl die internen Eigenschaften solcher Systeme als auch die externen Bedingungen und zudem die Wechselwirkungen zwischen den internen Eigenschaften und externen Bedingungen eindeutig spezifizierbar und damit das Verhalten modellierbar sein – sie sind damit durchaus als Systeme im Sinne der Definition 3.1 zu klassifizieren, doch ist diese eindeutige Verhaltensspezifikation in der Praxis nicht möglich: Bspw. werden die Lebensdauern technischer Systeme auf Basis ähnlicher Systeme, die vergleichbaren Belastungen ausgesetzt sind, beschrieben. Praktisch ist es nicht möglich etwa die Molekülstruktur solcher Systeme und entsprechende belastungsspezifische Veränderungen vollständig zu modellieren.

Dennoch ist dieses Verhalten „regelmäßig genug", um statistisch beschrieben werden zu können – zumindest wird dies im Allgemeinen vorausgesetzt.

Diese statistische Verhaltensspezifikation schlägt sich bei der Modellierung mittels Petrinetze durch Verwenden von Nichtdeterminismen nieder:

- Zeitübergangs-Nichtdeterminismen werden durch stochastisch-temporäre Transitionen spezifiziert.
- Zustandsübergangs-Nichtdeterminismen werden durch stochastisch-kausale Transitionen spezifiziert (oftmals auch als „Konflikt" bezeichnet – vgl. Abb. 2.9).

Mit diesen Nichtdeterminismen wird im Folgenden das zu erwartende Verhalten basierend auf allen nicht näher zu identifizierenden internen Eigenschaften, externen Bedingungen und entsprechenden Wechselwirkungen spezifiziert. *Unorganisiert komplexe Systeme* werden im weiteren Verlauf dieser Arbeit nicht mehr explizit und isoliert, sondern lediglich als Teilsysteme betrachtet. I.A. umfassen technische Systeme sowohl organisiert schlichte als auch organisiert komplexe und nach Feststellung 3.1 auch unorganisiert komplexe Systeme (vgl. Abb. 3.3).

Beispiel 3.2 (Klassifizierung von Systemen)
Abb. 3.4 zeigt ein System S_4 bestehend aus den drei Systemen S_1, S_2 und S_3. Bei den Teilsystemen S_1 und S_2 handelt es sich jeweils um unorganisiert komplexe Systeme: Das (hier: Ausfall-)verhalten wurde stochastisch modelliert: Es wird also angenommen, dass diese beiden Systeme sich hinsichtlich dieser *interessierenden Eigenschaft* „regelmäßig genug" verhalten, um auf diese Weise modelliert werden zu können. Darüber hinaus existieren in S_1 oder S_2 keine organisierenden Strukturen. Das System S_3 ist als organisiert schlichtes System modelliert – es gibt keine stochastischen Elemente. Schließlich

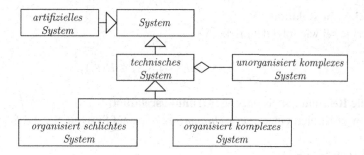

Abb. 3.3 Relationierung der Systemklassen mittels UML-Klassendiagramm

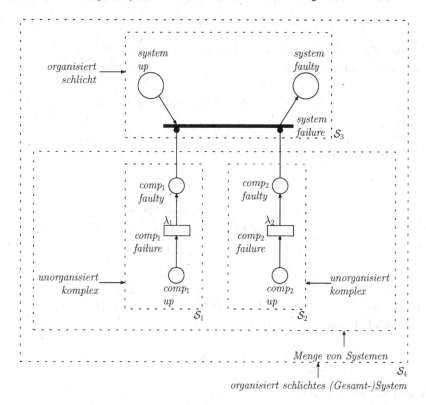

Abb. 3.4 Klassifizierung von Systemen

ist S_4 als organisiert schlichtes System modelliert, da für alle $i \in \{1, 2, 3\}$ gilt, dass $S_i \in E(S_j) \implies S_j \notin E(S_i)$. Man beachte, dass die Kanten *(comp$_1$-faulty, system-failure)* und *(comp$_2$-faulty, system-failure)* weder in S_1 noch in S_2 oder S_3 enthalten sind. Diese Kanten existieren erst in $S_4 = S_1 \cup S_2 \cup S_3$ (vgl. hierzu Definition 3.3). $\square$

Definition 3.6 (die Relation <)
Die Relation < sei wie folgt definiert:

$$< := \{(S_i, S_j) | S_i \in E(S_j) \wedge S_j \notin E(S_i)\}. \qquad \square$$

Satz 3.1 (die Relation „<" ist strenge Ordnungsrelation)
Die Relation < definiert eine *strenge Ordnungsrelation* auf Systeme $S_1, \ldots, S_n$.

Beweis 3.1 (von Satz 3.1)
Es wird bewiesen, dass < antireflexiv, antisymmetrisch und transitiv ist (vgl. Definition 2.5).

- < ist antireflexiv, d. h. $S_i \nless S_i \; \forall i \in \{1, \ldots, n\}$
  trivial nach Definition von <:

$$\forall (S_i, S_j) \in <: S_i \in E(S_i) \Longrightarrow S_i \notin E(S_i).$$

- < ist antisymmetrisch, d. h. $S_i < S_j \Longrightarrow S_j \nless S_i \; \forall i, j \in \{1, \ldots, n\}$
  nach Definition von < gilt

$$S_i < S_j \equiv$$
$$S_i \in E(S_j) \wedge S_j \notin E(S_i) \Longrightarrow$$
$$S_j \notin E(S_i) \vee S_i \in E(S_j) \equiv$$
$$\neg \left(S_j \in E(S_i) \wedge S_i \notin E(S_j) \right) \equiv$$
$$S_j \nless S_i.$$

- < ist transitiv, d. h. $S_i < S_j \wedge S_j < S_k \Longrightarrow S_i < S_k \; \forall i, j, k \in \{1, \ldots, n\}$
  trivial nach Definition von $E(S)$:

$$S_i \in E(S_j) \wedge S_j \in E(S_k) \Longrightarrow S_i \in E(S_k).$$

Folgerung 3.2 (aus Satz 3.1)
Das System $S_u = \bigcup_{i=1,\ldots,n} S_i$ ist ein organisiert schlichtes System, falls die S_i bzgl < geordnet sind.

Bemerkung 3.6 (zur Relation <)
Die Ordnungsrelation < ist eine grundlegende Relation: Mit ihrer Hilfe werden im nun folgenden Abschnitt Hierarchieebenen definiert (Definition 3.7). Darauf aufbauend können emergente Eigenschaften bzw. emergentes Verhalten definiert werden (siehe Definition 3.8). Die Implikationen auf die entsprechenden *System*-Sprachen werden im anschließenden Abschn. 3.4 herausgearbeitet.

Abb. 3.5 Beispiel: Ordnung

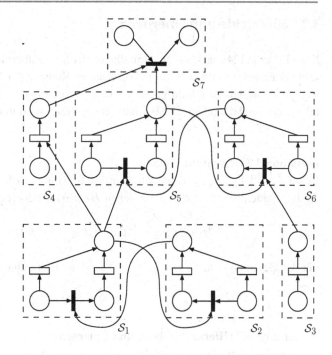

Beispiel 3.3 (zur Relation $<$)

In Abb. 3.5 sei $S_u := \bigcup_{i=1,\dots,7}$ Die Systeme S_1 und S_2 bilden ein organisiert komplexes System ($OK(S_1 \cup S_2), S_u$); weiter ist $S_3 \not< S_1 \cup S_2$ und $S_1 \cup S_2 \not< S_3$. Mit $S_1 \cup S_2 \in E(S_4)$ und $S_1 \cup S_2 \in E(S_5)$ ist $(S_1 \cup S_2) < (S_4 \cup S_5)$. Analog ist $S_3 < S_6$ und schließlich $S_4 \cup S_5 < S_7$. Im Gesamten ist daher $(S_1 \cup S_2 \cup S_3) < (S_4 \cup S_5 \cup S_6) < S_7$. □

Satz 3.2 (organisiert komplex oder unabhängig)

Für jeweils zwei Systeme S, S' $S \not< S'$ und $S' \not< S$, gilt, dass sie entweder unabhängig voneinander sind oder in S_u ein organisiert komplexes System bilden:

$$(S \not< S') \wedge (S' \not< S) \implies U(S, S') \vee OK(S \cup S', S_u).$$

Beweis 3.2 (von Satz 3.2)

Nach Definition von $<$ gilt:

$$S \not< S' \wedge S' \not< S \implies$$
$$\neg\big(S \in E(S') \wedge S' \notin E(S)\big) \wedge \neg\big(S' \in E(S) \wedge S \notin E(S')\big) \iff$$
$$\big(S \notin E(S') \vee S' \in E(S)\big) \wedge \big(S' \notin E(S) \vee S \in E(S')\big) \iff$$
$$\underbrace{\big(S \notin E(S') \wedge S' \notin E(S)\big)}_{U(\{S,S'\},S_u)} \vee \underbrace{\big(S' \in E(S) \wedge S \in E(S')\big)}_{OK(\{S,S'\},S_u)}.$$

3.3 Hierarchie und Emergenz

Nach Leveson [24] basieren die Grundlagen der Systemtheorie auf dem essentiellen Konzept der *Emergenz* und dem mit ihr verwandten Konzept der *Hierarchie*. Beide Konzepte werden in diesem Abschnitt erörtert und es werden bereits hier einige Bezüge zur Semiotik informal dargelegt. Die Formalisierung dieser wird in Abschn. 3.4.2 durchgeführt.

Definition 3.7 (Hierarchieebene)
Es sei $S_u = \bigcup_{i=1,\ldots,n} S_i$. Dann wird für das Teilsystem S_i innerhalb des Gesamtsystems S_u die Hierachieebene von S_i (in Zeichen $He(S_i)$) wie folgt definiert:

$$He(S_i) := j, \quad \text{falls} \quad |\{S_k|S_k < S_i\}| = j - 1.$$

Für das Gesamtsystem $S_u = \bigcup_{i=1,\ldots,n} S_i$ wird die Hierarchieebene wie folgt definiert:

$$He(S_u) := \max\{He(S_i)|i = \{1,\ldots,n\}\} \qquad \square$$

Bemerkung 3.7 (Hierarchieebene und Emergenz)
Komplexe (technische) Systeme bestehen i. A. aus mehreren Hierarchieebenen. Der Begriff der *Emergenz* wird von Leveson auf dieser Basis definiert: Auf Hierarchieebene n finden sich *emergente Eigenschaften*, die auf der Ebene $n - 1$ nicht existieren. Emergente Eigenschaften auf Ebene n entstehen dabei durch Einschränken bzw. Kontrollieren oder Steuern der Verhalten von Systemen auf Ebene $n - 1$ [24]. Das durch Einschränken, bzw. Kontrollieren oder Steuern entstehende Verhalten auf Ebene n bezeichnen wir auch als *emergentes Verhalten*.

Im Einklang mit der Definition emergenter Eigenschaften nach Leveson werden in dieser Arbeit emergente Eigenschaften wie folgt definiert:

Definition 3.8 (emergente Eigenschaften)
Das System $S_n := \bigcup_{i=1,\ldots,n} S_i$ mit $He(S_i) = n$ zeigt *emergente Eigenschaften* bezogen auf alle Systeme S_j, mit $He(S_j) < He(S_n)$. Dies, weil die Definition der Relation $<$ auf der Definition der *Menge der S beeinflussenden Systeme* beruht (vgl. Definition 3.4 und anschließende Folgerung 3.1). $\qquad \square$

Bemerkung 3.8 (intra- und intersystemische Sprachen)
Leveson charakterisiert das Verhalten der Hierarchieebene n als als *emergent*, wenn der von den Systemen auf Ebene $n - 1$ aufgespannte Zustandsraum kleiner ist, als derjenige Zustandsraum der aufgespannt würde, wenn die Systeme auf Ebene $n - 1$ isoliert wären. Im Gegensatz zur Subjektivität der Systemdefinition ist dies eine objektive Charakterisierung. Die relative Verkleinerung des Zustandsraumes auf Ebene n durch Abhängigkeiten

auf Ebene $n - 1$ bedingt daher eine Sprache, mittels der diese Abhängigkeiten bezeichnet werden können:

Die Beschreibung dieser emergenten Eigenschaften auf Ebene n bedingt daher eine Sprache, die, bezogen auf Systeme in Ebene $n - 1$, *intersystemisch* ist: Sie muss mächtig genug sein, auch die Beziehungen zwischen den Systemen der Ebene $n - 1$ zu spezifizieren. Demgegenüber sind die Sprachen zur Beschreibung von Systemverhalten auf Ebene $n - 1$ jeweils *intrasystemisch* bezogen auf diese Ebene (siehe hierzu Abb. 3.6).

Erläuterung 3.2 (zu Abb. 3.6)
Bezüglich der in Abschn. 2.4 erörterten Relationen zwischen Begriffen und Bezeichnungen und im Einklang mit Bemerkung 3.7 lässt sich Folgendes feststellen:

- Für die auf Hierarchieebene n existierenden emergenten Eigenschaften existieren auf Hierarchieebene $n - 1$ keine Bezeichnungen, da diese emergenten Eigenschaften auf intersystemischen Relationen beruhen. Handelt es sich bei diesen Eigenschaften um Eigenschaften eines neuen Produktes (aus Entwicklung oder Forschung), so existieren ggf. selbst auf Ebene n *zunächst* keine Bezeichnungen für das auftretende Verhalten – emergentes Verhalten führt daher zu sprachlichen Lücken (vgl. auch Abb. 2.10).
- Oftmals wird das Verhalten eines Systems der Hierarchieebene n nicht durch das vollständige Beschreiben der Verhalten von Systemen auf Ebene $n - 1$ und entsprechender

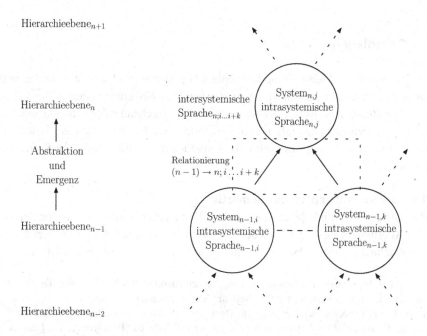

Abb. 3.6 Hierarchieebenen und Sprachen

Relationen beschrieben. Vielmehr beschränkt man sich auf die *wesentlichen* Relationen zwischen den Systemen der Ebene $n - 1$ und das *wesentliche* Verhalten der Systemen auf Ebene $n, - 1$. Diese Auswahl führt zu kognitiven Lücken (indem bspw. Details des Systems i der Ebene $n - 1$ ignoriert oder „nicht begriffen" werden).

In Abschn. 3.4.2 werden die Beziehungen systemischer Relationen auf die Konstituenten sprachlicher Zeichen ausführlich dargestellt und formalisiert.

3.4 Die Verschränkung systemtheoretischer und semiotischer Konzepte

Wie in Abschn. 1.1 skizziert, ist in nahezu allen Lebenszyklusphasen komplexer technischer Systeme eine präzise, interdisziplinäre Kommunikation notwendig. Dieser Abschnitt behandelt die Grundlagen der Semiotik wie sie die Deutsche Gesellschaft für Semiotik in [15] definiert: „Semiotik ist die Wissenschaft von den Zeichenprozessen in Natur und Kultur. Zeichen übermitteln Informationen in Zeit und Raum. Ohne sie wäre Kognition, Kommunikation und kulturelle Bedeutung nicht möglich.". Darüber hinaus orientiert sich dieser Abschnitt vielfach an der „Einführung in die Sprachwissenschaft" von Karl Heinz Wagner [47] und der Dissertation „Formalisierte Terminologie technischer Systeme und ihrer Zuverlässigkeit" von Lars Schnieder [36].

3.4.1 Grundlagen

Bevor systemische und semiotische Konzepte relationiert werden können, werden in diesem Abschnitt zunächst die Konstituenten der Semiotik eingeführt. Hierbei werden auch Aspekte der Relation zwischen der Realität und entsprechender Begriffe skizziert. Anschließend werden das bilaterale und als nutzbringende Erweiterung das trilaterle Zeichenmodell vorgestellt. Letzteres wird als Basis für die Relationierung von System- und Sprachhierarchien dienen.

3.4.1.1 Die Konstituenten der Semiotik

Die der Semiotik zugrundeliegenden wesentlichen Aspekte wurden bereits von den Griechen im Altertum, insbesondere von den Stoikern herausgearbeitet. So berichtet der griechische Arzt und Philosoph Sextus Empiricus (um 200–250 n. Chr.) wie folgt:

„Es gab bei ihnen noch eine andere Meinungsverschiedenheit, bei der die einen die Ansicht vertraten, das Wahre und das Falsche liege in dem Bezeichneten, andere dagegen, es liege im Wort, und wieder andere, es liege im Denkprozess. Die erste Auffassung vertraten die Stoiker, die sagten, dass dreierlei sich miteinander verbinde, das Bezeichnete [...] und das Bezeichnende [...] und das Objekt, und zwar sei das Bezeichnende das Lautgebilde, wie z. B. Dion, das Bezeichnete sei die durch das Lautgebilde angezeigte [...] Sache selbst, die wir zwar verstehen, indem wir das mit dem Lautgebilde sich gleichzeitig Darstellende denken, das die Ausländer aber nicht verstehen, wenn sie auch das Lautgebilde hören; das Objekt schließlich sei das außer uns Existierende, wie z. B. Dion selber." (Sextus Empiricus, zitiert nach [6], aus [47]).

Dadurch sind die drei wesentlichen Konstituenten der Semiotik bestimmt:

1. das *pragma*, das im weitesten Sinne reale Objekt; dies kann ein physisches Objekt, eine Handlung, ein Ereignis oder dergleichen sein. Auf dieses Pragma bezieht sich das Zeichen.
2. das *semainomenon* (das Bezeichnete), das ein kognitives Abbild des Pragma ist. Dieses kognitive Abbild wird als nicht physisch betrachtet; in dieser Arbeit bezeichnen wir es meist als *Begriff*.
3. das *semainon* (das Bezeichnende) ist das Zeichen selbst. Das Zeichen bezieht sich auf ein Pragma. Da auch ein Zeichen ein reales Objekt ist, ist ein Zeichen wieder ein *pragma*.

Abbildung 3.7 (links) stellt diese drei Konstituenten in einem allgemeinen *semiotischen Dreieck* dar.

Hinsichtlich dieser Konstituenten gibt es Übereinstimmung in der geschichtlichen Entwicklung der Sprachphilosophie, die Bezeichnungen dieser Dimensionen variieren jedoch (vgl. auch Umberto Eco [14]).

Festlegung 3.2 (Die Konstituenten der Semiotik)
In dieser Arbeit übernehmen wir das von Ogden und Richards [31] postulierte semiotische Dreieck (siehe Abb. 3.7 (rechts)). Dabei entspricht

- das *Objekt* dem oben genannten Pragma,
- der *Begriff* dem oben gennanten Bezeichneten, also dem kognitiven Abbild und
- die *Bezeichnung* dem oben genannten Bezeichnenden, also der sprachlichen, lautlichen oder anderweitigen Darstellung des Begriffs.
  „Informationen beinhalten eine Bezeichnung als Repräsentant für den mental verorteten Begriff. Damit sind Bezeichnungen an eine [. . .] Sprache gebunden" (aus [36]). ☐

In Abb. 3.7 ist angedeutet, dass zwischen den realen Objekten und den Bezeichnungen kein direkter Bezug existiert. Dieser Bezug wird über den Umweg des Begriffs hergestellt.

Bemerkung 3.9 (Realität und Kognition in der historischen Forschung)
Interessant ist nun das Verhältnis zwischen diesen drei Aspekten, nach den Determinanten der kognitiven Modelle von der realen Welt. Begrifflichkeiten als „kognitive Modelle" zu bezeichnen setzt eine, ggf. kausale Beziehung zwischen „res extensa" und „res cogitans" voraus (Descartes).

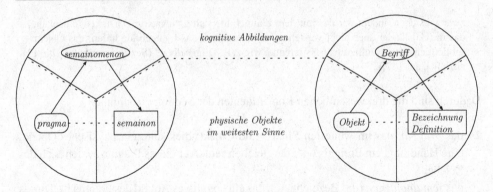

Abb. 3.7 Darstellung des semiotischen Dreiecks: allgemein (*links*) und nach Ogden (*rechts*) [31, 36]

Locke beispielsweise postulierte noch die Wahrnehmbarkeit der objektiven Wirklichkeit, er bezeichnete diese als die „primären Qualitäten" (Masse, Form, Zahl, etc.). Die kausale Wirkung dieser auf unsere Sinne führe zu Eindrücken, die diese in unserem Geist hinterlassen. Letztere seien entsprechend „sekundäre Qualitäten".

Doch schon Berkeley nahm großen Anstoß an Lockes Materialismus. Nicht als einziger bemerkt er in Lockes Kausaltheorie eine logische Lücke zwischen dem Subjekt und der Wirklichkeit: Letztlich sei die Wahrnehmung eines Objektes lediglich ein Konstrukt des Geistes; es existiere ein „Schleier der Wahrnehmung" zwischen dem Objekt und unserer Wahrnehmung. Somit sei die Annahme, die Ursache ähnele dem wahrgenommenen Konstrukt, reine Mutmaßung. Kritiker dieser Skeptiker bezeichnen Berkeleys Standpunkt als „Solipsismus" und verwerfen ihn als absurd. Dabei wird der Hinweis unterschlagen den Berkeley im Titel seines Werkes „A Treatise Concerning the Priciples of Human Knowledge" gegeben hatte: Seine Abhandlung galt in erster Linie dem menschlichen Wissen und nicht der ontischen Welt selber.

Bemerkung 3.10 (Realität und Kognition im Konstruktivismus)

Die heutige konstruktivistische Denkweise der Erkenntnistheorie, beispielsweise vertreten durch Ernst von Glasersfeld, definiert das herkömmliche Verhältnis zwischen der Welt der fassbaren Erlebnisse und der ontologischen Wirklichkeit wie folgt (vgl. [43], [44] oder [42]): Zwischen Erlebnis und Wirklichkeit kann eine Korrespondenz, eine wenn auch nur ungefähre Annäherung die begrifflich auf Isomorphie beruht, *nicht* unterstellt werden. Dieses Verhältnis wird nun mit dem Begriff der „Viabilität" bezeichnet, d. h. dem „Passen im Sinne des Funktionierens". Die herkömmliche Auffassung sah das Ziel von Erkenntnis und Wissenschaft in einer möglichst „wahrheitsgetreuen" Darstellung der „Wirklichkeit". Der Konstruktivismus verlangt dagegen nur Viabilität, d. h. Brauchbarkeit im Bereich der Erlebenswelt und des zielstrebigen Handelns – dies wird auch als „Instrumentalismus" bezeichnet.

Bemerkung 3.11 (Realität und Kognition im Instrumentalismus)
In „Conjectures and Refutations" [32] definiert Popper „Instrumentalismus" anhand zweier Zitate die aus der Zeit der kopernikanischen Revolution stammen. Das erste stammt aus dem Vorwort von Andreas Osiander zum Werk „De revolutionibus" von Kopernikus: „There is no need for these hypotheses to be true, or even to be at all like the truth; rather, one thing is sufficient for them – that they should yield calculations which agree with the observations." [32]. Das zweite Zitat ist von einem der Inquisitoren im Prozess gegen Giordano Bruno und bezieht sich auf das Verfahren gegen Galilei: „Galileo will act prudently ... if he will speak hypothetically, ex suppositione ... : to say that we give a better account of the appearances by supposing the earth to be moving, and the sun at rest, than we could if we used eccentricities and epicycles, it to speak properly; there is no danger in that, and it is all the mathematician requires." (zitiert nach [32], aus [28]). Das gefährliche Vorgehen bestand hier also darin, von den Phänomenen auf die ontische Wirklichkeit schließen zu wollen. Diese ontische Welt war jedoch Sache des Glaubens, und die Kirche sah sich als einzige rechtmäßige Verwalterin aller absoluten Wahrheiten. Hätte man die wissenschaftlichen Theorien seinerzeit rein instrumental, als Hilfsmittel zur Lösung von Problemen in der diesseitigen Erlebniswelt betrachtet, hätte die Kirche prinzipiell nichts gegen Wissenschaften gehabt.

3.4.1.2 Zeichenmodelle
Bei den folgenden Betrachtungen der drei Konstituenten „Objekt", „Begriff" und „Bezeichnung" und ihrer Beziehungen setzen wir voraus, dass Zeichen und Bezeichungen Objekte der Realität und damit auch ein Pragma sind. In diesem Abschnitt werden zunächst die Konstituenten eines Terminus und das bilaterale Zeichenmodell nach Saussure [12] eingeführt. Hierauf aufbauend wird das trilaterale Zeichenmodell aus [35, 36, 39] vorgestellt. Dabei orientieren sich die Ausführungen insbesondere an [36]. Die anschließende Formalisierung des trilateralen Zeichenmodells erlaubt es, die oben genannten Beziehungen zwischen Bezeichnungen und Begriffen formal zu fassen.

Definition 3.9 (Zeichen nach [12], Lexem nach [17], Terminus nach [13])
Ein *Zeichen* besteht nach Saussure aus einem materiellen Zeichenträger, der Bezeichnung (bei Saussure *Signifikant*) und einer zugehörigen Bedeutung, dem Begriff (bei Saussure *Signifikat*). Signifikant und Signifikat sind untrennbar miteinander verbunden.
Lexeme sind Elemente des Lexikons einer Sprache. Da es sich um *sprachliche* Zeichen handelt, ist die Menge der Lexeme eine Untermenge der Menge der Zeichen.
Ein *Terminus* ist ein fachsprachliches Zeichen. Die Menge der Termini ist damit eine Untermenge der Menge der Lexeme. Entsprechend einem Zeichen wird in der terminologischen Grundnorm ein Terminus als ein *zusammenhängendes Paar von Begriff* (als kognitives Abbild eines Objektes) *und seiner Bezeichnung* aufgefasst (siehe auch [25]).   □

Feststellung 3.3 (bilaterales und trilaterales Zeichenmodell)
Der terminologischen Grundnomrung wie auch den Saussure'schen Definitionen liegt ein bilaterales Zeichenmodell zugrunde. Diese Bilateralität wird durch explizite Unterscheidung von Begriff als kognitive Repräsentation und seinem zugehörigen Zeichen konstituiert.

In Abb. 3.8 sind die Beziehungen zwischen Symbolen, Zeichen, Lexemen und Termini nach Saussure mittels eines UML-Klassendiagramms spezifiziert. Nach dem bilateralen Zeichenmodell können sowohl Zeichen bei Saussure als auch Termini in der terminologischen Grundnorm durch Rückgriff auf zweistellige Tupel definiert werden.

In der interpersonellen, insbesondere in der interdisziplinären Projektarbeit kann mit diesem Ansatz jedoch eine präzise Kommunikation nicht gewährleistet werden. Der Grund hierfür ist, dass die kognitive Repräsentation eines Zeichens im Allgemeinen domänenabhängig ist. Saussure und die terminologische Grundnom blenden diese Abhängigkeit aus.

Zwar bildet das bilaterale Zeichenmodell das Fundament der Saussure folgenden Diskurse in der Linguistik, doch werden ergänzend soziale, funktionale oder kognitive Aspekte mit einbezogen [23, 36]. Insbesondere vor dem Hintergrund der Differenzierung der Sprachen in Fachsprachen [26] ist eine Erweiterung des bilateralen Zeichenmodells in ein trilaterales, varietätsbezogenes Zeichenmodell angezeigt (siehe [36]).

Festlegung 3.3 (Terminus im trilateralen Zeichenmodell)
Im trilateralen Zeichenmodell wird ein Zeichen durch die folgenden drei Konstituenten spezifiziert:

- Nach [36] „Eine *Varietät*, welche einen Rückschluss auf den fach- oder gemeinsprachlichen Verwendungskontext eines sprachlichen Zeichens erlaubt.".
- „Eine *Bezeichung* (Signifikant) als materieller Träger der Zeichenbedeutung. Diese Repräsentation kann mit sprachlichen (Benennung) oder auch anderen Mitteln (Symbol, Formel) erfolgen. Bezeichnungen werden auch als *Lemmata* bezeichnet, in dieser Arbeit wird jedoch die Bezeichnung *Bezeichnung* verwendet."
- Ein *Begriff* als kognitive Repräsentation. Nach [13] definiert als „Denkeinheit, die aus einer Menge von Gegenständen unter Ermittlung der diesen Gegenständen gemeinsamen Eigenschaften mittels Abstraktion gebildet wird". Wie schon bei Objekten ist *Gegenstand* hier im weitesten Sinne zu verstehen; auch abstrakte Objekte, Handlungen oder Ereignisse fallen hierunter.

Analog zum bilateralen Zeichenmodell (siehe Abb. 3.8) spezifiziert Abb. 3.9 die Beziehungen zwischen Symbolen, Zeichen, Lexemen und Termini mittels eines UML-Klassendiagramms. Zeichen und die von ihnen abgeleiteten Lexeme und Termini sind nun auf Basis des trilateralen Zeichenmodells spezifiziert.   □

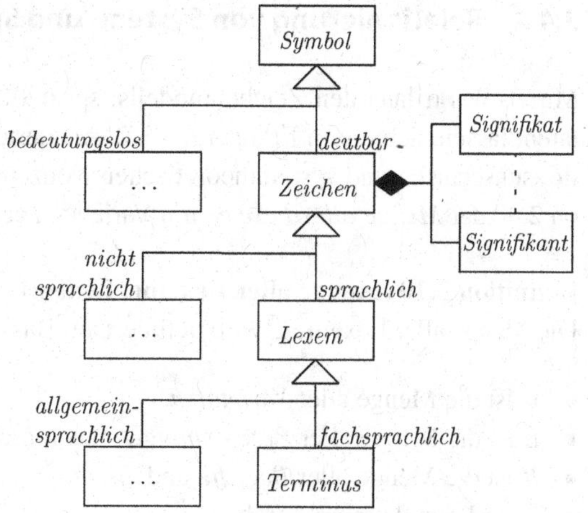

Abb. 3.8 Bilaterales Zeichenmodell nach Saussure [12]/Odgen [31] als UML-Klassendiagramm

Symbol

bedeutungslos   deutbar

...   Zeichen

Signifikat

Signifikant

nicht sprachlich   sprachlich

...   Lexem

allgemein- sprachlich   fachsprachlich

...   Terminus

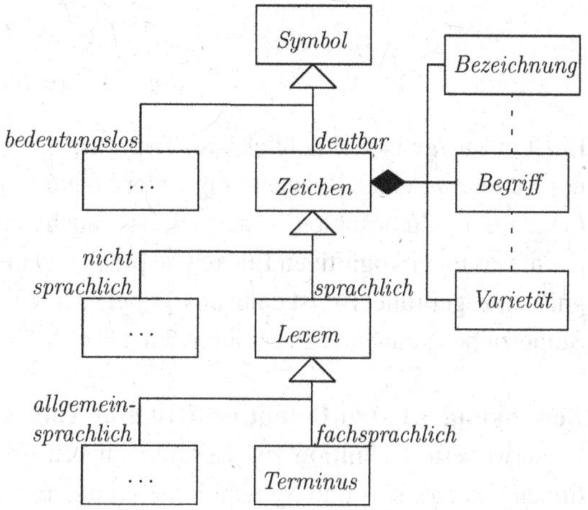

Abb. 3.9 Trilaterales Zeichenmodell nach Schnieder [36] als UML-Klassendiagramm

Symbol

Bezeichnung

bedeutungslos   deutbar

...   Zeichen

Begriff

nicht sprachlich   sprachlich

...   Lexem

Varietät

allgemein- sprachlich   fachsprachlich

...   Terminus

Beispiel 3.4 (zu Varietäten)

Wie schon bei der Einführung in die Stochstik angedeutet (siehe Abschn. 2.1.3 Definition 2.9 und Bemerkung 2.1) wird das Ergebnis eines Zufallexperiments in der Varietät „Stochastik" als *Ereignis* bezeichnet. In der Varietät „technisches System" bezeichnet man mit *Ereignis* jedoch einen Zustandsübergang.   □

Bemerkung 3.12 (zu Abb. 3.8 und 3.9)

Die Kardinalitäten zwischen *Signifikat* und *Signifikant* in Abb. 3.8 und entsprechend zwischen *Bezeichnung*, *Begriff* und *Varietät* in Abb. 3.9 werden im folgenden Abschn. 3.4.2 erörtert.

3.4.2   Relationierung von System- und Sprachhierarchien

Mittels des trilateralen Zeichenmodells, speziell auf Basis der oben eingeführten Varietäten, lassen sich die in Erläuterung 3.2 skizzierten Beziehungen zwischen Kommunikationsunschärfen und systemtheoretischen Konzepten formalisieren. Hierzu wird Definition 2.32 der *Menge aller Lexeme* um Varietäten erweitert:

Definition 3.10 (Menge aller Lexeme, Lexem)
Die Menge aller Lexeme $\mathcal{L}$ wird definiert auf Basis des Quadrupels $\mathcal{L} = (V, L, B, k)$, mit:

- V ist die Menge aller *Varietäten*,
- L ist die Menge aller *Bezeichnungen* (auch *Lemmata*),
- B ist die Menge aller *Begriffe* und
- k wird nun definiert durch:

$$k : (V, L) \longrightarrow B, \quad \text{mit}$$
$$(v, l) \longrightarrow k(v, l) \in B.$$

Ein Lexem *lex* ist schließlich das Tripel *lex* $= (v, l, k(v, l))$. Es besteht daher aus einer Varietät v, einer Bezeichnung (oder einem Lemma) l und dem zugeordenten Begriff
$k(v, l) \in B$. Zu beachten ist hierbei, dass auch $\emptyset \in B$ gilt, mithin $k(v, l) = \emptyset$ erfüllt sein
kann, was einer kognitiven Lücke entspräche. Da in diesem Falle dem Signifikant kein Signifikat zugeordnet ist, ist dann das Tripel $(v, l, k(v, l))$ nicht als „Lexem" im eigentlichen
Sinne zu bezeichnen (vgl. Abschn. 3.4.1.2).   □

Bemerkung 3.13 (zu Definition 3.10 und Abb. 3.10)
Die erweiterte Definition von Lexemen auf Basis von Varietäten erleichtert es, die Relationen von System- und Sprachhierarchien herauszuarbeiten. In Abb. 3.10 sind die Relationen von System- zu entsprechenden semiotischen Konzepten angedeutet. Herausgearbeitet werden sie in Folgerung 3.3.

Folgerung 3.3 (aus Abb. 3.10)
Die Relationen zwischen Kommunikationsunschärfen und systemtheoretischen Konzepten sind in Abb. 3.10 dargestellt. Dabei bezeichne

- $V_{l,m}$ die Varietät der intrasystemischen Sprache von System m auf Ebene l,
- $L(V_{l,m})$ die der Varietät $V_{l,m}$ zugeordnete Menge von Bezeichnungen,
- $B(V_{l,m})$ die der Varietät $V_{l,m}$ zugeordnete Menge von Begriffen.

Weiter sei $k_{l,m}$ als bijketive Relation

$$k_{l,m} : (V_{l,m}, L(V_{l,m})) \longrightarrow B(V_{l,m})$$

definiert.

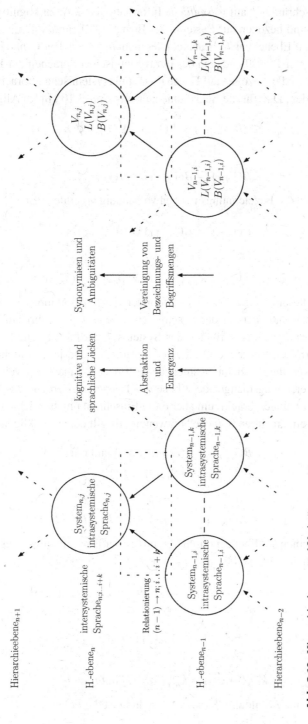

Abb. 3.10 Hierarchieebenen und Varietäten

- Beim Übergang von Hierarchieebene $n - 1$ zur Hierarchieebene n führt *Abstraktion*, also die Beschränkung auf *wesentliche* Informationen, i. A. zu kognitiven Lücken: *Un*wesentliche und bezogen auf Systeme der Ebene $n - 1$ intrasystemische Informationen werden auf Ebene n nicht beachtet oder nicht *begriffen*. Der Grund ist, dass i. A. nur Teilmengen der Begriffsmengen der intrasystemischen Sprachen der Ebene $n - 1$ zur Begriffsmenge der, bezogen auf Ebene $n - 1$, intersystemischen Sprache der Ebene n vereinigt werden. D.h. für die Begriffsmengen aus Abb. 3.10 gilt im Allgemeinen:

$$\exists b_{n-1} \in \{B(V_{n-1,i}) \cup B(V_{n-1,k})\} : b_{n-1} \notin B(V_{n,j})$$

Daraus folgt:

$$B(V_{n,j}) \subsetneqq B(V_{n-1,i}) \cup B(V_{n-1,k}).$$

Werden hingegen die Bezeichnungsmengen vollständig vereinigt, also

$$L(V_{n,j}) = L(V_{n-1,i}) \cup L(V_{n-1,k}),$$

dann gilt:

$$\exists l \in L(V_{n,j}) : k_{n,j}(V_{n,j}, l) = b_{n-1} \notin B(V_{n,j}),$$

d. h. $k_{n,j}$ ist in diesem Falle keine (vollständig definierte) Abbildung.

- Intersytemische Relationierung der Systeme auf Ebene $n - 1$ führt auf Ebene n zu *emergentem Verhalten*. Das Verhalten des Systems j wird auf Ebene n zwar kognitiv erfasst (*begriffen*), hier symbolisch $B(emergent_{n,j})$, kann jedoch nicht bezeichnet werden. Dies, weil die Bezeichnungsmengen der Ebene n zunächst jeweils durch Vereinigen der Bezeichnungsmengen der Ebene $n - 1$ generiert werden. Das Verhalten ist auf Ebene n zwar eingeschränkt, um aber diese Einschränkung bezeichnen zu können, ist auf Ebene n ein „mehr an Sprache" notwendig. Es gilt daher im Allgemeinen:

$$B(V_{n,j}) \supsetneqq B(emergent_{n,j}) \text{ und mit}$$
$$L(V_{n,j}) = L(V_{n-1,i}) \cup L(V_{n-1,k})$$

gilt

$$\exists b \in B(V_{n,j}) : \nexists l \in L(V_{n,j}) \wedge k_{n,j}(l) = b.$$

- Synonymien können auf Ebene n durch Vereinigen der Bezeichnungsmengen von Ebene $n - 1$ entstehen. Für einen Begriff b gilt bspw.:

$$b = k_{n-1,i}(V_{n-1,i}, l_1) \quad \text{und} \quad b = k_{n-1,k}(V_{n-1,k}, l_2).$$

Mit

$$L(V_{n,j}) = L(V_{n-1,i}) \cup L(V_{n-1,k})$$

gilt dann

$$k_{n,j}^{-1}(b) = l_1 \wedge k_{n,j}^{-1}(b) = l_2 \text{ mit } l_1 \neq l_2.$$

Daher ist $k_{n,j}^{-1}$ keine Abbildung; Synonymiebildung ist die Folge.

- Ambiguitäten können analog zu Synonymien auf Ebene n durch Vereinigen der Begriffsmengen von Ebene $n-1$ entstehen. Für eine Bezeichnung l gilt bspw.:

$$l = k_{n-1,i}^{-1}(b_1) \quad \text{und} \quad l = k_{n-1,k}^{-1}(b_2).$$

Mit

$$B(V_{n,j}) = B(V_{n-1,i}) \cup B(V_{n-1,k})$$

gilt dann

$$k_{n,j}(V_{n,j}, l) = b_1 \wedge k_{n,j}(V_{n,j}, l) = b_2 \quad \text{mit} \quad b_1 \neq b_2.$$

Daher ist $k_{n,j}$ keine Abbildung; Ambiguitätenbildung ist die Folge.

3.4.3 Die intensionale Attributhierarchie des Begriffs

Als Gründe für unzureichende Kodes kann u. a. die mangelnde Präzisierung von Eigenschaften, Merkmalen, Größen und deren Werte identifiziert werden, die in der Folge zu unscharfen Begriffen führen. An dieser Stelle lehnt sich die Präzisierung der intensionalen Attributhierarchie an [36] an. Dabei beschränkt sich dieser Abschnitt auf die zum Verständnis der weiteren Ausführung in dieser Arbeit notwendigen Tiefe.

Definition 3.11 (Konstituenten eines Begriffs)
Nach [40] und [13] lassen sich vier Konstituenten von Begriffen identifizieren:

- Die *Extension*, auch der *Umfang*, ist die Menge aller Gegenstände, die unter einem Begriff subsumiert werden. So ist beispielsweise die Extension des Begriffs $k(l)$ zum Lemma l = „Triebfahrzeug" die Menge aller Elemente die er umfasst, bspw. „Dampflokomotive", „Elektrolokomotive" und „Diesellokomotive".
- Die *Intension*, auch der *Inhalt*, ist die Menge aller Eigenschaften des Begriffs und die hierfür charakteristischen Merkmale mit ihren Größen und Werten. Zum Begriff des Lemmas „Lokomotive" definiert sich die Intension durch die distinktiven Merkmale als
  - *spurgeführt* mit
  - *angetriebenen Radsätzen*.
- „Die *semantischen Relationen* zu anderen Begriffen."
- Die *Definition* beschreibt die Bedeutung mit sprachlichen Mitteln. □

Der Schluss dieses Abschnitts konzentriert sich auf die Intension und ihre Attributhierarchie zur Präzisierung von Begriffen.

Definition 3.12 (Intension und intensionale Attributhierarchie)
Die *Intension eines Begriffs* als der Gesamtheit seiner Merkmale [36] sei hier definiert; die Anwendung der Attributhierarchie im Kontext dieser Arbeit wird in Konvention 3.4 festgelegt.

Die Attributhierarchie besteht aus folgenden Konstituenten:

1. *Eigenschaften* entstehen durch Abstrahieren von Merkmalen, beziehungsweise fassen eine Menge untergeordneter Merkmale zusammen. Eigenschaften sind, falls überhaupt, nicht unmittelbar oder objektiv messbar (bspw. „Schönheit"). Im Sinne der UML handelt es sich um abstrakte Konzepte (bzw. Klassen), da diese nicht direkt instanziiert werden können.

2. *Merkmale* sind objektiv bestimmbar und damit essentiell für das Erkennen und Beschreiben von Gegenständen und das Ordnen von Begriffen. In dieser objektiven Bestimmbarkeit unterscheiden sich Merkmale von Eigenschaften; letztere werden durch erstere charakterisiert. Im Kontext dieser Arbeit werden abstrakte von generischen Merkmalen unterschieden:

   - *Abstrakte Merkmale* sind wie abstrakte Eigenschaften nicht direkt instanziierbar. Sie charakterisieren die entsprechenden Eigenschaften zwar näher, können aber nicht direkt instanziiert werden und bleiben damit unspezifisch, bspw. „*irgend*eine Überlebenswahrscheinlichkeitsfunktion". Die entsprechende Ausprägung dieses Merkmals geschieht mittels generischer Merkmale:

   - *Generische Merkmale* spezifizieren das „Gerüst" zum Substituieren von Größen mittels konkreter Werte (bspw. eine negative Exponentialfunktion als *eine bestimmte* Überlebenswahrscheinlichkeitsfunktion).

   Während also der „funktionale Zusammenhang" durch das abstrakte Merkmal spezifiziert wird, typisiert das generische Merkmal dessen Ausprägung.

3. *Größen* sind nach Schnieder und Schnieder [34] im Allgemeinen Spezialfälle von Merkmalsausprägungen: „Nach deutschem Verständnis beschränkt sich somit die Festlegung einer Größe auf verhältnisskalierte Merkmale, so dass es keine Ordinalgrößen, sondern nur Ordinalmerkmale gibt." (ebd., S. 5; so auch in [36]).

   In der Arbeit hier werden wiederum abstrakte von generischen Größen unterschieden:
   - *Abstrakte Größen* sind abstrakten Merkmalen zugeordnet; wie diese sind sie nicht direkt instanziierbar und bleiben unspezifisch, bspw. „*irgend*eine Parametermenge". Analog zu Merkmalen erfolgt die diesbzgl. Präzisierung mittels generischer Größen:

   - *Generische Größen* sind generischen Merkmalen zugeordnet. Bspw. ist der negativen Exponentialfunktion als *bestimmter* Überlebenswahrscheinlichkeitsfunktion die *bestimmte Parametermenge* R, λ und t als generische Parameter zugeordnet. Daher können nicht abstrakte Größen, sondern nur generische Größen mit konkreten Werten substituiert werden.

   Analog zu Merkmalen typisieren generische Größen die Ausprägungen abstrakter Größen.

4. *Werte* und *Einheiten* sind das Ergebnis von Messungen, Schätzungen oder Berechnungen (Werte) mit ihren jeweiligen Einheiten. Im Kontext „Technische Zuverlässigkeit" beziehen sie sich meist auf physikalische Phänomene. □

Bemerkung 3.14 (zu Übersetzungen der Hiearchieebenenbezeichnungen)
Die intensionale Attributhierarchie ist ein essentielles Mittel, um die durch den CDV der IEC 60050-191 Ed. 2.0 [20] gelegte definitorische Basis zu einem konsistenten Begriffsgebäude zu erweitern. Dazu ist es notwendig, die wesentlichen Bezeichnungen im Kontext der Attributhierarchien (also: Eigenschaft, Merkmal, Größe, Wert und Einheit) derart ins Englische zu übersetzen, dass die gewählten englischsprachigen Bezeichnungen zu den entsprechenden Begriffen passen.

Langscheidt [2] und PONS [3] schlagen unter anderem die in Tab. 3.1 angegebenen Übersetzungen vor. Die obere Hälfte der Tabelle zeigt Übersetzungsvorschläge basierend auf den deutschen Bezeichnungen, die untere Hälfte entsprechend die deutschen Übersetzungsvorschläge auf die gefundenen englischsprachigen Bezeichnungen. Es sei darauf hingewiesen, dass nur solche Übersetzungsvorschläge aufgeführt sind, die zum betrachteten Kontext passen.

Tab. 3.1 Übersetzung der Hierarchieebenenbezeichnungen in [2] und [3]

Bezeichnung	aus: Langscheidt Wörterbuch [2]	aus: PONS Wörterbuch [3]
Eigenschaft	(Chem, Phys etc) property; (= Merkmal) characteristic, feature	(Charakteristik) quality; Chem, Phys (Merkmal) property
Merkmal	characteristic, feature	characteristic, feature
Größe	(Math, Phys) quantity	(Math, Phys) (Wert) quantity
Wert	value	value
Einheit	unity; die drei ~en (Liter) the three unities	(Tech) unit
	(Mil, Sci, Telec) unit	(Telefoneinheit) unit
property	N (= characteristic, Philos) Eigenschaft	(attribut) Eigenschaft
characteristic	charakteristisch, typisch (of) für	charakteristisches Merkmal, Charakteristikum
	N (typisches Merkmal), Charakteristikum	
feature	N (= characteristic) Merkmal, Kennzeichen, Charakteristikum.	N (aspect) Merkmal, Kennzeichen, Charakteristikum
quantity	N (Math, Phys, fig) Größe	N (Math) magnitude [direkt messbare] Größe
value	N Wert	N (significance) Wert
unit	N (= measure) Einheit	N (standard of quantity) Einheit

Feststellung 3.4 (zu Tab. 3.1)

Es lässt sich feststellen, dass die Übersetzung der Bezeichnungen für Größe, Wert und Einheit durch „quantity", „value" und „unit" unkritisch ist (aufgrund des technischen Kontextes wird in dieser Arbeit „Einheit" mit „unit" übersetzt und eben nicht mir „unity".

Die vorgeschlagenen Übersetzungen von „Eigenschaft" und „Merkmal" werden zur Klärung mittels ihrer englischsprachigen Definitionen im Cambridge Dictionary [1], im Oxford Dictionary [4] und im Longman Dictionary [5] genauer betrachtet – siehe Tab. 3.3 und Konvention 3.4.

In Konvention 3.4 und kurz in Tab. 3.4 werden die Übersetzungen für den Rahmen dieser Arbeit festgelegt.

Bemerkung 3.15 (zu näheren Bestimmungen im CDV der IEC 60050-191)

In dieser Arbeit werden die zentralen englischsprachigen Bezeichungen aus dem CDV grundsätzlich übernommen (siehe Konvention 1.1). Auffällig ist in diesem Zusammenhang die nähere Bestimmung „performance measure" als unterscheidender Zusatz zu einer „Grundbezeichnung", also bspw. „reliability (performance measure)" (191-45-10 in [20]) im Unterschied zu „reliability (characterstic of an item)" (191-41-28 in [20]). In Tab. 3.2 sind die Übersetzungen entsprechender Bezeichnungen aufgeführt („reliability" selbst wird in Kap. 4 ausgiebig betrachtet). Tabelle 3.3 listet die entsprechenden Definitionen von „performance" und „measure". In Konvention 3.4 wird der Gebrauch dieser näheren Bestimmungen im Hinblick auf die intensionale Attributhierarchie festgelegt.

Anzumerken ist auch hier, dass nur solche Defnitionen aufgenommen wurden, die grundsätzlich in den hier betrachteten Kontext passen.

Konvention 3.4 (intensionale Attributhierarchie)

Der Ansatz der Begriffspräzisierung auf Basis intensionaler Attributhierarchien wird insbesondere in Kap. 3.5 zur Unterstützung der Formalisierung zentraler Begriffe aus der technischen Zuverlässigkeit genutzt. Dabei wird dieser Ansatz wie folgt umgesetzt:

Tab. 3.2 Übersetzung „performance" und „measure" in [2] und [3]

Bezeichnung	aus: Langscheidt Wörterbuch [2]	aus: PONS Wörterbuch [3]
measure	N (= unit of measurement) Maß(einheit)	N (unit) Maß, Maßeinheit
	(= amount measured) Menge	(indicator) Maßstab
performance	N (= effectiveness) (of machine, vehicle, sportsman etc) Leistung	N (capability, effectiveness) Leistung
		N (execution) die Ausführung einer Sache, die Erfüllung einer Pflicht, die Erbringung einer Dienstleistung
		modifier (evaluation, problem, results) ∼ *statistics of a car* Leistungsmerkmale eines Autos

1. *Fähigkeiten* werden in dieser Arbeit als Eigenschaften spezifiziert, z. B. ist die Überlebens*fähigkeit* eine nicht direkt messbare Eigenschaft von technischen Systemen;
   vielmehr wird sie durch ihre Merkmale wie „Überlebenswahrscheinlichkeitsfunktion"
   oder „Ausfallwahrscheinlichkeitsfunktion" charakterisiert.

   Da nach Definition 3.12 zur intensionalen Attributhierarchie Eigenschaften durch Abstrahieren entstehen und nicht objektiv messbar sind, sind Fähigkeiten in dieser Arbeit
   ebenfalls grundsätzlich abstrakt.

   Gemäß der Booch-Notation [7] für abstrakte Klassen, werden Eigenschaften in Abbildungen durch ein „A" in einem auf der Spitze stehenden Dreieck gekennzeichnet (vgl.
   Abb. 3.11).

   In dieser Arbeit wird „Eigenschaft" durch „property" übersetzt. Bestimmte Fähigkeiten entsprechen den englischsprachigen „abilities", z. B. „reliability" (siehe Überblick in Tab. 3.4).

2. Mittels *Merkmalen* werden Fähigkeiten charakterisiert:
   - *Abstrakte Merkmale* sind wie abstrakte Eigenschaften nicht direkt instanziierbar.
     Abstrakte Merkmale zeichnen sich durch *Deklaration* entsprechender Funktionen
     aus: Bspw. ist die Deklaration $R : \mathcal{R}_0^+ \longrightarrow [0,1]$ der Überlebenswahrscheinlich-
     keitsfunktion ein abstraktes Merkmal (vgl. Abb. 3.11).
   - *Generische Merkmale* zeichnen sich durch *Definition* entsprechender Funktionen
     mit ihren Größen (durch Funktions- und Parametersymbole) aus. Bspw. ist die De-
     finition $R(t) : e^{-\lambda \cdot t}$ der Überlebenswahrscheinlichkeitsfunktion ein generisches
     Merkmal (vgl. Abb. 3.11).

   Abstrakte Merkmale werden wie Eigenschaften in Abbildungen durch ein „A" in einem auf der Spitze stehenden Dreieck gekennzeichnet (vgl. wieder Abb. 3.11).

   „Merkmal" wird in dieser Arbeit mit „characteristic" übersetzt. Ein bestimmtes Merkmal entspricht der englischsprachigen „ability performance", z. B. „reliability performance" (siehe wieder Überblick in Tab. 3.4).

   Funktionen sind objektiv durch Werte entsprechender Größen bestimmbar:

3. *Größen* sind den Merkmalen zugeordnet; sie spezifizieren in dieser Arbeit i. A. Variablen für Funktionswerte oder Variablen für Funktionsparameter, die jeweils durch
   entsprechende Funktions- oder Parametersymbole (allgemein auch „Variablennamen")
   spezifiziert werden.

   Abstrakte Größen werden wie abstrakte Eigenschaften in Abbildungen durch ein „A"
   in einem auf der Spitze stehenden Dreieck gekennzeichnet (vgl. wieder Abb. 3.11); sie
   spielen im Rahmen dieser Arbeit jedoch nur eine untergeordnete Rolle.

   „Größe" wird durch „quantity" übersetzt. Bestimmte Größen entsprechen den englischsprachigen „ability performace measures", z. B. „reliability performance measure" (siehe wieder Überblick in Tab. 3.4). Entsprechend wird beispielsweise die
   Größe „Ausfallrate im *up state*" durch das Variablensymbol λ_{up} symbolisiert (siehe
   Abb. 3.11).

Tab. 3.3 Vergleich von Definitionen zentraler Bezeichnungen

Bezeichnung (engl.)	aus: Cambridge Dictionary [1]	aus: Oxford Dictionary [4]	aus: Longman Dictionary [5]
characteristic	N a typical or noticeable quality of someone or something: *Unfortunately a big nose is a family characteristic.*	N a typical feature or quality that sth/sb has: *Personal characteristics, such as age and sex are taken into account,* genetic characteristics	N a quality or feature of something or someone that is typical of them and easy to recognise
	Adj typical of a person or thing: *With the hospitality so characteristic of these people, they opened their house to over fifty guests.*	Adj very typical of sth or of so's cha- racter: *She spoke with characteristic enthusiasm.*	Adj very typical of a particular thing or of someone's character.
feature	N (quality) a typical quality or an import- ant part of something: *The town's main features are its beautiful mosque and an- cient marketplace.*	N something important, interesting or typical of a place or thing: *An interesting feature of the city is the old market.*	N a part of sth that you notice because it seems important, interesting, or typical. *Air bags are a standard feature in most new cars.*
measure	V (size) to discover the exact size or amount of something, or to be of a par- ticular size: *"Will the table fit here?", "I don't know – let's measure it."*	V (size, quantity) to find a size, quanti- ty, etc. of sth in standard units: *A ship's speed is measured in knots.*	V to find the size, length, or amount of something, using standard units such as inches, metres etc.
	N (method) a way of achieving some- thing, or a method for dealing with a situation: *These measures were designed to improve car safety.*	N (official action) an official action that is done in order to achieve a particular aim: safety/security measures *We must take preventive measures to reduce crime in the area.*	N (action) an action, especially an offi- cial one, that is intended to deal with a particular problem.
	N (size) a unit used for stating the size, weight, etc. of something, or a way of measuring: *The sample's density is a mea- sure of its purity.*	N (size, quantity) a unit used for stating the size, quantity or degree of sth; a sys- tem or a scale of these units: *The Richter Scale is a measure of ground motion.*	N (sign, proof) be a measure of so- mething: be a sign of the importance, strength etc of someting or a way of tes- ting or judging something *Exam results are not necessarily a true measure of a student's abilities.*

Tab. 3.3 (Fortsetzung)

Bezeichnung (engl.)	aus: Cambridge Dictionary [1]	aus: Oxford Dictionary [4]	aus: Longman Dictionary [5]
performance	N (do) how well a person, machine, etc. does a piece of work or activity: *High-performace* (= *Fast, powerfull and easy to control) cars are the most expensive.*	N how well or badly sth works: *the countries economic performance*, performance indicators (=things that show how well or badly sth works)	N how well a car or other machine works: *The car's performance on mountain roads was impressive.*
property	N (quality) a quality in a substance of material, especially one which means that it can be used in a particular way: *One of the properties of copper is that it conducts heat and electricity very well.*	N (formal) a quality or characteristic that sth has: *Compare the physical properties of the two substances.*	N a quality or power that a substance, plant etc. has.

Tab. 3.4 Relationierung: Hierarchieebenenbezeichnung und Beispiele

deutsche Bezeichnung der Attributhierarchieebene	englische Bezeichnung der Attributhierarchieebene	Beispiel: Suffix von „Überlebensfähigkeit"	Beispiel: Suffix von „reliability"
Eigenschaft	property	~fähigkeit	~ability
Merkmal	characteristic	~fähigkeitsfunktion(sdeklaration) bzw. ~fähigkeitsfunktion(sdefinition)	~ability performance
Größe	quantity	~fähigkeitsfunktionsparameter	~ability performance measure
Wert, Einheit	value, unit	~fähigkeitsfunktionsparameterwert	value, unit of ~ability performance measure

4. Schließlich werden auf Ebene der *Werte* und *Einheiten* die möglichen Variablenwerte entsprechend des jeweiligen Definitionsbereiches mit der jeweils entsprechenden Einheit spezifiziert.

   In dieser Arbeit wird „Wert" durch „value" und „Einheit" durch „unit" übersetzt. Parameter als Größen können schließlich durch Werte aus den entsprechenden Wertebereichen substituiert werden: „value of ability reliability performace measure" (siehe wieder Überblick in Tab. 3.4).

Erläuterung 3.3 (zu Konvention 3.4)

Durch die funktionale Strukturierung von Größen auf Merkmalsebene weisen Merkmale im Vergleich zu Größen emergente Eigenschaften auf. Entsprechend weisen Systemeigenschaften (auf Eigenschaftenebene) durch Relationierung mehrerer Merkmale emergente Eigenschaften im Vergleich zu diesen auf. Dies entspricht jeweils der systemischen Sicht: Emergente Eigenschaften einer Ebene n entstehen durch Relationierung von Subsystemen (oder Objekten) auf Ebene $n - 1$.

Bemerkung 3.16 (zu Konvention 3.4)

• Auf Basis der Konvention 3.4 lässt sich die Berechnung einer Überlebenswahrscheinlichkeit wie folgt beschreiben: „Die Substitution der Paramenter der Überlebenswahrscheinlichkeitsfunktion liefert im Ergebnis die Überlebenswahrscheinlichkeit als Wert der Überlebenswahrscheinlichkeitsfunktion".

   Allgemein auf Basis der Attributhierarchiebezeichnungen: „Die Wertzuweisung an Größen der Merkmalsausprägungen liefert den Wert der Merkmalsausprägung".

• Durch die Übersetzung von „Eigenschaft" mit „property" weicht diese Arbeit von der Bezeichnung in [20] ab: Dort werden Eigenschaften meist als „characteristic of an item" bezeichnet.

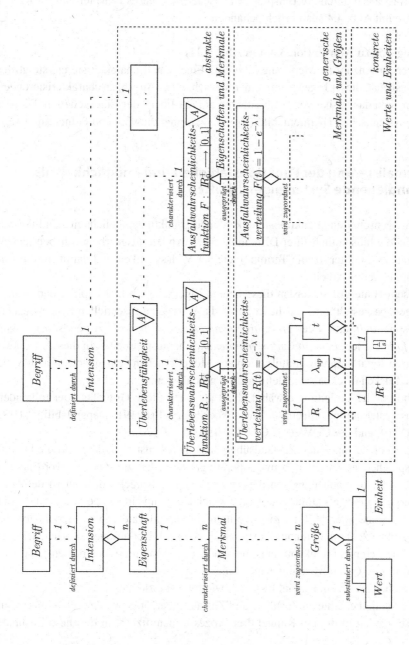

Abb. 3.11 Attributhierarchie als UML-Klassendiagramm: Allgemein *(links)*, (vgl. [36]) und im Beispiel *(rechts)*

Beispiel 3.5 (zu Konvention 3.4)

In Abb. 3.11 (links) ist diese Attributhierarchie als UML-Klassendiagramm aufgeführt; im rechten Teil ist diese durch ein Beispiel veranschaulicht. Dieses Beispiel wird in Kap. 4 insbesondere mit Abb. 4.4 ausführlich behandelt. □

Feststellung 3.5 (zu Konvention 3.4 und Abb. 3.11)

Mit wachsender Anzahl an Merkmalen die eine Eigenschaft charakterisieren, steigt der Informationsgehalt dieser Eigenschaft, d.h. mit wachsender Anzahl an charakterisierenden Merkmalen sinkt das Risiko von Ambiguitäten auf der Ebene der Eigenschaften. Dies ist analog zur systemischen Hierarchiebildung – siehe Bemerkung 3.4 und Folgerung 3.1.

3.5 Formalisierung der Funktionsfähigkeit und -möglichkeit als grundlegende Systemeigenschaften

Die Systemeigenschaften „Funktionsfähigkeit" und „Funktionsmöglichkeit" sind normativ insbesondere hinsichtlich Ihrer Diffenrenz nicht explizit ausgearbeitet, haben jedoch grundlegenden Charakter für die Terminologie der Verlässlichkeit und damit für die folgenden Kapitel dieser Arbeit.

Vor diesem Hintergrund werden diese beiden Eigenschaften hier explizit und grundlegend gegenübergestellt und auf dieser Basis die Bezüge zu essentiellen Systemzuständen wie bspw. *fault state* oder *preventive maintenance state* und -zustandsübergängen wie bspw. *failure* oder *begin preventive maintenance* herausgearbeitet. In diesem Kontext werden durch Relationierung mittels formaler Modelle neben semantischen auch viele sprachliche Lücken offenbart und definitorisch geschlossen.

Wie schon in der Einleitung erwähnt, dient als wesentliche Grundlage der folgenden Kapitel das „International Electrotechnical Vocabulary, Part 191: Dependability" (IEC 60500-191) [19] und der CDV der IEC 60050-190 Ed. 2.0 [20].

Bezüglich der Zustände und Zustandsübergänge ist festzustellen, dass dort die Definitionen entsprechender Zustände, bspw. „operating state" oder „up state" im Vordergrund stehen. Meist werden abhängig von diesen Zuständen entsprechende Dauern definiert, bspw. „operating time" als „time interval for which the item is in an operating state" oder „up time" als „time intervall for which the item is in an up state", siehe hierzu auch die Tabelle in Abb. 5.2. Darüber hinaus existieren jedoch auch Definitionen spezifischer Zeitintervalle, die sich nicht direkt auf entsprechende Zustandsdefinitionen beziehen, so z.B. die Definition zu „preventive maintenance time".

Das Vorgehen in diesem Kapitel lässt sich wie folgt skizzieren:

Die als essentiell erachteten Zustände und Zustandsübergänge werden relationiert. Auf diese Weise werden in diesem Kapitel drei Prozesse identifiziert, in die diese Zustände und Zustandsübergänge eingebettet sind. Diese orientieren sich hier an dem Verlust der Fähigkeit oder Möglichkeit eines Systems eine geforderte Funktion zu erfüllen. Dies kann grundsätzlich die folgenden beiden exklusiven Gründe haben (vgl. auch Abb. 5.2):

- Verlust der Fähigkeit eines Systems eine geforderte Funktion zu erfüllen wegen eines internen Fehlers; das System ist *internally disabled* (siehe auch Festlegung 3.4),
- Verlust der Möglichkeit eines Systems eine geforderte Funktion zu erfüllen wegen fehlender externer Ressourcen; das System ist *externally disabled* (siehe auch Festlegung 3.4).

Als einen weiteren, zusätzlichen Grund des Verlusts der *Fähigkeit* eines Systems eine geforderte Funktion zu erfüllen, werden in der Literatur häufig „präventive Instandhaltungsarbeiten" angeführt. Nach Abb. 5.2 ist ein System im Zustand präventiver Instandhaltung in einem *down state* und damit ebenfalls in einem *internally disabled state*.

In diesem Kapitel werden 15 Begriffe eingeführt und relationiert. Um den Leser bei der Lektüre zu unterstützen, wird daher schon an dieser Stelle auf ein Ergebnis dieses Kapitels vorgegriffen: Abb. 3.12 relationiert mit *internally* und *externally disabled* und *enabled* states zentrale, hier einzuführende Begriffe und kann damit als orientierendes Gerüst für dieses Kapitel dienen.

Bemerkung 3.17 (Charakterisierung nach „Fähigkeit" und „Möglichkeit")
Das Kriterium „Verlust der Fähigkeit / Möglichkeit eine geforderte Funktion zu erfüllen" wurde willkürlich gewählt, hat sich jedoch als zur Präzisierung und Relationierung der Begriffe dienlich erwiesen.

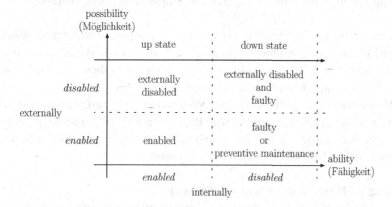

Abb. 3.12 Relationierung: *internally* und *externally enabled* und *disabled*

Bemerkung 3.18 (Spezifizierung der Literaturangeben)
Diese Relationierung wird wesentlich unter Verwendung von Petrinetzen und UML-Klassendiagrammen durchgeführt. In diesem Kontext werden Definitionen aus [20] entweder

- übernommen und als „aus [20]" mit genauer interner Quelle gekennzeichnet, oder
- angepasst oder abgeleitet: Bspw. Zustandsdefinitionen auf Basis entsprechender Zeitintervalldefinitionen oder durch Neubewertung der hierarchischen Ebene (bspw. von *characteristic* nach *property*); auch die Einführung von Eigenschaften auf Grundlage entsprechender Merkmalsdefinitionen fallen hierunter. Solche Fälle werden als „in Anlehnung an [20]", auch mit genauer Quelle, gekennzeichnet. Definitionen dieses Typs präzisieren das bestehende Begriffsgebäude insbesondere durch Schließen sprachlicher Lücken; oder aber
- vollständig neu gefasst. Durch diese ergänzenden Definitionen werden sprachliche oder kognitive Lücken im Begriffsgebäude der technischen Zuverlässigkeit geschlossen.

Bemerkung 3.19 (zur Spezifikation der Litaraturangaben)
Die Entscheidung ob die zweite oder dritte Zitierart anzuwenden ist, ist oft nicht eindeutig zu treffen. In solchen, nicht eindeutigen Fällen wurde in der Regel die zweite Form, also „in Anlehnung an" gewählt.

Bemerkung 3.20 (Möglichkeit vs. Fähigkeit)
Für die folgenden Definitionen ist es notwendig, die Systemeigenschaften „Möglichkeit" (*possibility*) und „Fähigkeit" (*ability*) festzulegen.

Festlegung 3.4 (a) Fähigkeit *(engl. ability)*, b) Möglichkeit *(engl. possibility)*)

a) Die *Fähigkeit (engl. ability)* eines Systems eine geforderte Funktion zu erfüllen, hängt ausschließlich von systeminternen Bedingungen ab. Externe Bedingungen oder Ressourcen beeinflussen diese Fähigkeit nicht. Man spricht in diesem Kontext von *internally enabled* bzw. *internally disabled systems*.
b) Die *Möglichkeit (engl. possibility)* eines Systems eine geforderte Funktion zu erfüllen, hängt ausschließlich von systemexternen Bedingungen und Ressourcen ab. Interne Bedingungen beeinflussen diese Möglichkeit nicht. Man spricht in diesem Kontext von *externally enabled* bzw. *internally disabled systems*.   □

Bemerkung 3.21 (zu *Fähigkeit* und *Möglichkeit*)
Die Möglichkeit *((external) possibility)* ist bisher nicht explizit definiert, die Unterscheidung zwischen Fähigkeit und Möglichkeit ist auch in [20] nicht explizit vorgenommen. Durch Festlegung 3.4 wird daher durch diese begriffliche Unterscheidung eine kognitive Lücke und durch Einführen der Bezeichnung *((external) possibility)* eine sprachliche Lücke geschlossen.

3.6 Verlust der Funktionsfähigkeit I – internally disabled

Ein Überblick über das kausale Verhalten von Systemen bei Verlust und anschließender Wiedererlangung der Fähigkeit eine geforderte Funktion zu gewährleisten ist in Abb. 3.13 als stochastisches Petrinetz modelliert. Informal kann dieses Verhalten wie folgt beschrieben werden:

Setzt man voraus, dass das System im *up state* ist, d. h. in einem Zustand, in dem es fähig (*engl. able*) ist, sich wie gefordert zu verhalten, so führt ein Fehlerereignis (*engl. failure*) in einen Fehlzustand (*engl. fault state*). Im Fehlzustand wie auch im Zustand präventiver Instandhaltung (*engl. preventive maintenance state*) ist das System nicht fähig, sich wie gefordert zu verhalten. Diese Zustände werden unter *down state* subsumiert, siehe hierzu auch Abb. 3.14. Das Ereignis, das zum Wiedererreichen des *up states* führt nachdem ein Fehler aufgetreten war, nennt man *restoration*.

Erläuterung 3.4 (zu Abb. 3.14)
Die in Abb. 3.13 aufgeführten Zustände stehen in der in Abb. 3.14 spezifizierten Beziehung zueinander.

Definition 3.13 (*up state, down state, fault und fault state*)

up state
state of being able to perform as required (aus [20] (191-42-01)).

down state
state of being unable to perform as required, due to internal failure, or preventive maintenance (aus [20] (191-42-20)).

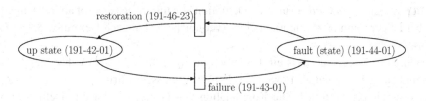

Abb. 3.13 Verlust der Funktionsfähigkeit aufgrund eines Ausfalls

Abb. 3.14 Relationierung der
Zustände aus Abb. 3.13

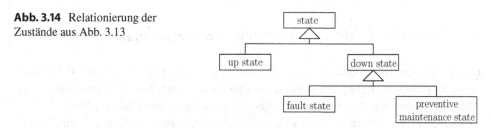

fault

inability to perform as required, due to an internal state (aus [20] (191-44-01)).

fault state

state of being unable to perform as required, due to an internal failure (in Anlehnung an [20]).   □

Bemerkung 3.22 (zur Definition von *up state* und *down state*)

Wie in Abb. 3.12 dargestellt, subsumieren wir unter *up states* alle *internally enabled states* und unter *down state* alle *internally disabled states*. Bei letzterem ist zu beachten, dass *preventive maintenance states* auch als *internally disabled states* spezifiziert sind.

Definition 3.14 (*failure, time to restoration, restoration*)

failure

loss of ability to perform as required (aus [20] (191-43-01)). Dieser Verlust der Fähigkeit ist ein Ereignis und damit grundsätzlich zeitlos.

time to restoration

time interval, from the instant of failure, until restoration (aus [20] (191-47-06)).

restoration

event at which the up state is re-established after failure (aus [20] (191-46-23)).   □

Bemerkung 3.23 (zur Definition und Unterscheidung von *failure* und *fault*)

In [20] ist in Bemerkung 2 zur *failure*-Definition festgehalten, dass „A failure of an item is an event that results in a fault state of that item.“

Weiter ist dort in Bemerkung 1 zur *fault*-Definition festgehalten, dass: „A fault of an item results from a failure [...]“.

Mit Festlegung 3.4 (*ability*) und der Definition von *failure* als „loss of abilty“ handelt es sich bei Fehlern immer um interne Fehler (vergleiche hierzu auch Definition 3.13 (*down state*)).

Dadurch ist festgelegt, dass ein Fehlerereignis (*failure*) zu einem Fehlzustand (*fault*) führt und ein Fehlzustand als Folge eines Fehlerereignisses auftritt und beide, *failure* und *fault*, systemintern auftreten. Die Kombination von Festlegung 3.4 und Definition 3.14 führt daher wieder zum Schließen kognitiver Lücken.

3.7 Verlust der Funktionsfähigkeit II – preventive maintenance

Das kausale Verhalten eines Systems das durch präventive Instandhaltung die Fähigkeit eine geforderte Funktion zu erfüllen verliert und anschließend wiedererlangt, ist in Abb. 3.15 modelliert. Auch dieses Verhalten sei wie folgt informal beschrieben:

Zunächst sei das System im *up state*, es ist also fähig die geforderte Funktion zu erfüllen. Verliert es diese Fähigkeit durch das Ereignis *start preventive maintenance*, so ist

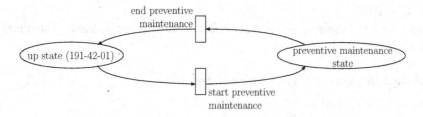

Abb. 3.15 Verlust der Funktionsfähigkeit wegen präventiver Instandhaltung

Abb. 3.16 Relationierung der
Zustände aus Abb. 3.15

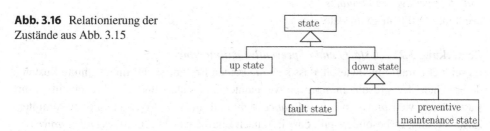

es anschließend im Zustand *preventive maintenance state*. In diesem Zustand ist das System nicht fähig die geforderte Funktion zu erfüllen. Durch Beendigung der präventiven Instandhaltung (Ereignis *end preventive maintenance*) geht das System wieder in den *up state* über. In Abb. 3.16 sind *fault state* und *preventive maintenance state* als spezifische *down states* modelliert. Das Verhalten von Systemen aufgrund interner Fehler ist demnach analog zu dem aufgrund präventiver Instandhaltung.

Feststellung 3.6 (internen Fehler und präventive Instandhaltung)
Das Verhalten von Systemen bei internen Fehlern ist demnach analog zu dem bei präventiver Instandhaltung, lediglich die Ereignisse die zu den entsprechenden Zustandsänderungen führen unterscheiden sich.

Feststellung 3.7 (*preventive maintenance state* und *preventive maintenance time*)
In [20] ist *preventive maintenance state* nicht definiert – es besteht eine sprachliche (semantische) Lücke. Definiert ist jedoch *preventive maintenance time* (vergleiche hierzu Abb. 5.2 und insbesondere das Kap. 5). Auf dieser Definition bauen wir die entsprechende Zustandsdefinition auf:

Definition 3.15 (*preventive maintenance time/state*)

preventive maintenance time
part of the maintenance time taken to perform preventive maintenance, including technical delays and logistic delays inherent in preventive maintenance (aus [20] (191-47-05)).

preventive maintenance state
state in which preventive maintenance is performed (in Anlehnung an [20]).   □

Bemerkung 3.24

In Kap. 5 wird *Maintenance* also *präventive* und *korrektive Instandhaltung* intensiver behandelt.

Definition 3.16 (*start/end of preventive maintenance*)

start of preventive maintenance
event that results in a preventive maintenance state.

end of preventive maintenance
event that results in an up state.   □

Bemerkung 3.25 (**zu** *start / end of preventive maintenance*)
Es sei hier darauf hingewiesen, dass sich die beiden Ereignisse auf unbestimmte Zustände beziehen „[...] results in *a* preventive maintenance state." und „[...] results in *an* up state." Dies, weil *preventive maintenance state* und *up state* Aggregationen bestimmter Zustände sind. Insbesondere gilt, dass i. A. nach Eintreten des Ereignisses *end of preventive maintenance* nicht zwangsläufig der Zustand *enabled* erreicht wird: Dies würde zudem voraussetzen, dass auch entsprechende externe Bedingungen erfüllt sind.

3.8   Verlust der Funktionsmöglichkeit – externally disabled

Analog zum Abschn. 3.6 („internally disabled") kann das kausale Verhalten von Systemen bei Verlust und anschließender Wiedererlangung der Möglichkeit eine geforderte Funktion zu gewährleisten wie in Abb. 3.17 modelliert werden. Informal kann dieses Verhalten wie folgt beschrieben werden:

Im Allgemeinen wird vorausgesetzt, dass das System zunächst im Zustand *enabled* ist, d. h. in einem besonderen *up state* ist (vergleiche Abb. 3.18). In diesem ist es nicht nur fähig (*engl. able*) sondern auch möglich, dass es sich wie gefordert verhält. Wird ihm diese Möglichkeit aufgrund des Verlusts fehlender Ressourcen entzogen (Ereignis: *loss of possibility*), so geht das System über in einen Zustand in dem es im Allgemeinen zwar nach wie vor fähig, es ihm jedoch nicht möglich ist, sich wie gefordert zu verhalten

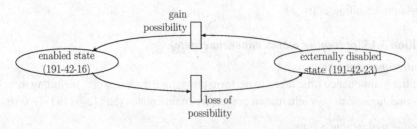

Abb. 3.17 Verlust der Funktionsmöglichkeit aufgrund fehlender Ressourcen

Abb. 3.18 Relationierung der
Zustände aus Abb. 3.17

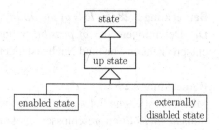

(*externally disabled state*). Die Zustände in denen das System fähig ist die geforderte Funktion zu erfüllen, werden also durch den *up state* subsumiert, vergleiche hierzu auch Abb. 3.18. Das Ereignis, das schließlich zum Wiedererreichen des *enabled state* führt, weil die entsprechenden Ressourcen (wieder) bereitgestellt werden, sei mit *gain possibility* benannt.

Bemerkung 3.26 (Ressourcen)
In dieser Arbeit wird die Existenz bzw. Abstinenz von Ressourcen in Abbildungen nicht explizit modelliert. In Abb. 3.17 wird bspw. vorausgesetzt, dass zum Schalten der Transition *gain possibility* die entsprechend notwendige(n) Ressource(n) (wieder) zur Verfügung steht / stehen. Diese vereinfachte Darstellung soll den Blick auf das Wesentliche, d.h. die Relationierung (neuer) Begriffe, unterstützen.

Definition 3.17 (*enabled state, externally disabled state*)
enabled state
state of being able to perfom as required, upon demand (aus [20] (191-42-16)).

externally disabled state
state of being unable to perform as required, due to absence of external resources (aus [20] (191-42-23)).   □

Bemerkung 3.27 (zu *enabled state* und *externally disabled state*)
Die beiden Zustände *enabled state* und *externally disabled state* sind beides spezifische *up states*, vgl. Abb. 3.18. Im *externally disabled state* ist das System zwar fähig, aufgrund fehlender externer Ressorcen ist es ihm jedoch nicht möglich eine geforderte Funktion zu erfüllen.

Definition 3.18 (*loss of possibility, gain possibility*)
loss of possibility
event of losing possibility to perform as required on demand, due to absence of external resources.

gain possibility
event of (re-)gaining the possiblity to perform as required on demand, due to provision of external resources.   □

Bemerkung 3.28 (zu *loss of possibility* und *gain possibility*)
Die Definitionen *loss of possibility* und *gain possibility* ergeben sich implizit aus den entsprechenden Vor- und Nachzuständen. Diese Ereignisse sind in [20] nicht definiert.

Bemerkung 3.29
Mit der Festlegung 3.4 zu *possibility* sind interne Bedingungen für den Verlust der Funktions*möglichkeit* ausgeschlossen, es kommen daher nur externe Bedingungen (und Ressourcen) in Frage.

3.9   Funktionsfähigkeit- und möglichkeit – integrierte Darstellung

In diesem Abschnitt integrieren wir die in den vorhergehenden Abschn. 3.6 bis 3.8 eingeführten Zustände und Zustandsübergänge. Diese Integration stellt die Grundlage für die in den Kapiteln „Formalisierung der Überlebensfähigkeit" 4 bis „Formalisierung der Verfügbarkeit" 6 einzuführenden Verlässlichkeitseigenschaften von Systemen dar.

In Abb. 3.19 ist der kausale Zusammenhang zwischen den bis hierher eingeführten essentiellen Zuständen und Zustandsübergängen integriert dargestellt. Dabei sind alle *internally disabled states* und die Zustandsübergänge die zu diesen führen, hellgrau unterlegt. Dunkelgrau unterlegt sind *externally disabled states* und die Zustandsübergänge die zu diesen führen.

Erläuterung 3.5 (zu Abb. 3.19)
In dieser Abbildung ist zu beachten, das bspw. der Zustand *externally disabled ∧ fault state* wie in Petrinetzen üblich, durch die Belegung der entsprechenden lokalen Stellen spezifiziert wird. D. h. es wird durch dieses Modell sogar zugelassen, dass ein Fehlerereignis auch während eines externen Fehlzustandes auftreten kann. In diesem Zustand wäre sowohl die Stelle *externally disabled* als auch die Stelle *fault state* markiert. Nachdem der Fehler während des Zustandes *externally disabled* behoben wurde, ist im Netz wieder ausschließlich *externally disabled* markiert; werden während der korrektiven Instandhaltung jedoch die externen Ressourcen bereitgestellt, verliert die Stelle *externally disabled* ihre Markierung, es ist dann ausschließlich die Stelle *fault state* markiert.

In Abb. 3.20 sind die relevanten Zustände entsprechend wieder als UML-Klassendiagramm dargestellt – auch in dieser Abbildung wurden die *disabled states* grau unterlegt.

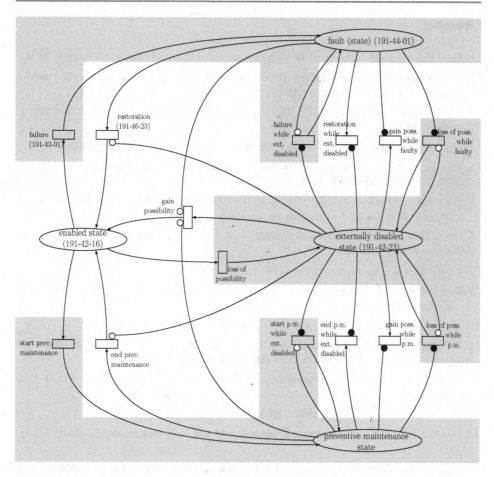

Abb. 3.19 Integration essentieller Zustände und Zustandsübergänge

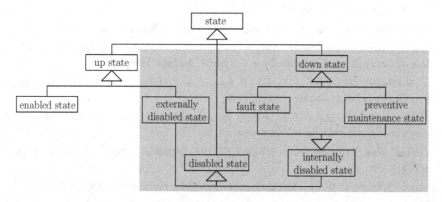

Abb. 3.20 Relationierung der Zustände aus Abb. 3.19

Literatur

1. *Cambridge Advanced Learners's Dictionary*. Cambridge University Press, 3rd Edition, 2008.

2. *Großes Studienwörterbuch Englisch*. HaperCollins Publishers Ltd. in Zusammenarbeit mit der Langscheidt Redaktion, Stuttgart, 2008.

3. *PONS Großwörterbuch: Englisch – Deutsch / Deutsch – Englisch*. PONS GmbH, Stuttgart, 1. Auflage, 2008.

4. *Oxford Advanced Learner's Dictionary*. Oxford University Press, 8th Edition, 2010.

5. *Dictionary of Contemporary English For Advanced Learners*. Pearson Education Limited, 2009, 6. Auflage, Edinburgh, 2012.

6. Hans Arens. *Sprachwissenschaft. Der Gang ihrer Entwicklung von der Antike bis zur Gegenwart*. Athenäum Fischer Taschenbuch Verlag, 1969.

7. Grady Booch, Jim Rumbaugh und Ivar Jacobson. *Unified Modeling Languaged User Guide*. Addison Wesley Longman, 1999.

8. John Dalton. *A new system of chemical philosophy*. 1808.

9. John Dalton. *A New System of Chemical Philosophy*, volume 1 of *Cambridge Library Collection – Physical Sciences*. Cambridge University Press, 2010.

10. Marquis de Pierre-Simon Laplace. *Exposition Du Systeme Du Monde*. 1796.

11. Marquis de Pierre-Simon Laplace. *Exposition du système du monde*, volume 1 of *Cambridge Library Collection – Mathematics*. Cambridge University Press, 2009.

12. Ferdinand de Saussure. *Grundfragen der allgemeinen Sprachwissenschaft*. de Gruyter, Berlin, 2001.

13. DIN. Begriffe der Terminologielehre, 2004.

14. Umberto Eco. *Zeichen. Einführung in einen Begriff und seine Geschichte*. Suhrkamp Verlag, 1977.

15. Deutsche Gesellschaft für Semiotik. Was ist Semiotik? Interaktiv und transdiziplinär!, May 2011.

16. Harry H. Goode und Robert E. Machol. *System Engineering – An Introduction to the Design of Large Scale Systems*. McGraw-Hill, 1957.

17. Dietrich Homberger. *Sprachwörterbuch zur Sprachwissenschaft*. Reclam, Stuttgart, 2003.

18. Isaak Newton; Volkmar Schüller (Hrsg.). *Die mathematischen Prinzipien der Physik: Philosophiae Naturalis Prinzipia Mathematica*. Gruyter, 1. Auflage, 1999.

19. IEC-60050-191. *IEC 60050-191 – Ed.1.0, International Elektrotechnical Vocabulary*. International Electrotechnical Commission, 12 1990.

20. IEC-60050-191. *IEC 60050-191 – Ed.2.0, International Elektrotechnical Vocabulary (CDV)*. International Electrotechnical Commission, 2011.

21. Immanuel Kant. *Kritik der reinen Vernunft*. Reklam, Ditzingen, 1986, (2. Auflage 1787, Original 1781);.

22. Johannes Kepler und Walther Dyck. *Gesammelte Werke, Briefe 1604 - 1607*, volume 15. Beck, 1951.

23. Bernd Kortmann. *Linguistik: Essentials – Anglistik, Amerikanistik*. Cornelsen, 1999.

24. Nancy G. Leveson. *A new approach to system safety engineering*. Aeronautics and Astronautics Massachusetts Institute of Technology, 2002.

25. Sebastian Löbner. *Semantik – Eine Einführung*. de Gruyter, 2002.

26. Heinrich Löffler. *Germanistische Soziolinguistik*. Erich Schmidt Verlag, Heidelberg, 2005.

27. Klaus Müller. *Allgemeine Systemtheorie - Geschichte, Methodologie und sozialwissenschaftliche Heuristik eines Wissenschaftsprogramms*. Opladen, 1996.

28. Roland Müller. Geschichte des Systemdenkens und des Systembegriffs. URL: http://www.muellerscience.com/SPEZIALITAETEN/System/systemgesch.htm, Mai 2011.

29. Isaak Newton. *Philosophiae Naturalis Principia Mathematica*. 1687.

30. John North. MACROCOSM, MICROCOSM, AND ANALOGY. URL http://redes.eldoc.ub.rug.nl/FILES/root/2002/j.north/north.pdf, May 2011.

31. Charles Kay Ogden und Ivor Armstrong Richards. *Die Bedeutung der Bedeutung*. Suhrkamp, Frankfurt, 1974.

32. Karl Popper. *Conjectures and Refutations: The Growth of Scientific Knowledge*. Routledge; Auflage: New Ed, New York, Erstausgabe 1963, 1992.

33. Eckehard Schnieder. *Methoden der Automatisierung – Beschreibungsmittel, Modellkonzepte und Werkzeuge für Automatisierungssysteme*. Vieweg Verlag, 1999.

34. Eckehard Schnieder und Lars Schnieder. Terminologische Präzisierung des Systembegriffs, Terminological concretization of the system concept. atp Edition 9:45–59, 2010.

35. Eckehard Schnieder, Lars Schnieder und Christian Stein. Terminologiemanagementsysteme der nächsten Generation – Schlüssel für den Fachwortschatz. *eDITion – Das Terminologiemagazin*, 1, 2011.

36. Lars Schnieder. *Formalisierte Terminologien technischer Systeme und ihrer Zuverlässigkeit*. Dissertation, Technische Universität Braunschweig, 2010.

37. Claude E. Shannon und Warren Weaver. *Mathematical Theory of Communication*. University of Illinois Press, Urbana 1949.

38. Fritz B. Simon. *Einführung in Systemtheorie und Konstruktivismus*. Carl-Auer-Systeme Verlag, 2008.

39. Christian Stein und Lars Schnieder. Neue Wege durch den Fachwortdschungel, Mitteilungen für Dolmetscher und Übersetzer. *Zeitschrift Mitteilungen für Dolmetscher und Übersetzer*, 3, 2009.

40. Dirk van Schrick. *Entepetives Management – Konstrukt, Konstruktion, Konzeption – Entwurf eines Begriffssystems zum Umgang mit Fehlern, Ausfällen und anderen nichterwünschten technischen Phänomenen*. Shaker-Verlag, Aachen, 2002.

41. Ludwig von Bertalanffy. Zu einer allgemeinen Systemlehre, Biologia Generalis. 195:114–129, 1948.

42. Heinz von Foerster, Ernst von Glasersfeld, Peter M. Hejl, Siegfried Schmidt und Paul Watzlawick. *Einführung in den Konstruktivismus*. Oldenbourg Verlag, München, 1985.

43. Ernst von Glasersfeld. *Konstruktion der Wirklichkeit und des Begriffs der Objektivität*, chapter 1, pages 1–26. Oldenbourg Verlag München, 1985.

44. Ernst von Glasersfeld. *Radikaler Konstruktivismus: Ideen, Ergebnisse, Probleme*. Suhrkamp, 2005.

45. Carl von Linne, Philipp Ludwig und Statius Müller. *Des Ritters Carl Von Linne Vollständiges Natursystem (1773)*. Nabu Press, 2010.

46. Carl von Linné. *Systema Naturae*. 1735.

47. Karl Heinz Wagner. Einführung in die Sprachwissenschaft, Mai 2011.

48. Gerald Weinberg. *An Introduction to General Systems Thinking*. John Wiley & Sons, New York, 1975.

49. Norbert Wiender. *Cybernetics or Control and Communication in the Animal and the Machine*. 1948.

50. Norbert Wiender. *Kybernetik. Regelung und Nachrichtenübertragung im Lebewesen und in der Maschine*. Econ, 1992.

51. wikipedia. Systemtheorie. http://de.wikipedia.org/wiki/Systemtheorie, May 2011.

Formalisierung der Überlebensfähigkeit als Systemeigenschaft

Als erste der RAMS-Eigenschaften wird in diesem Kapitel die Überlebensfähigkeit behandelt. Wie in den kommenden Kapiteln erfolgen die Definitionen in Anlehnung an IEC 60050-191 [5]. Dabei werden zunächst konstituierende Zustände im Kontext der Überlebensfähigkeit bezüglich Generalisierungs- bzw. Spezialisierungsbeziehungen strukturiert. Mit der anschließenden Relationierung essentieller Zustände und entsprechender Zustandsübergänge findet eine weitere Schärfung des Begriffs der „Überlebensfähigkeit statt". Durch die formalisierte terminologisch-strukturelle Beschreibung wird die begriffliche Binnenstruktur offengelegt und bspw. die Überlebens*fähigkeit* als Eigenschaft von der Überlebens*wahrscheinlichkeitsfunktion* als Merkmal unterscheidbar.

Die Betrachtung von Mittelwerten ausfallfreier Zeiten im zweiten Abschnitt offenbart weitere definitorische Unschärfen in Normen und in einigen Fachbüchern, die in diesem Abschnitt geschlossen werden.

Gängige Systemstrukturen zur Beeinflussung der Überlebensfähigkeit werden im dritten Abschnitt kategorisiert und mittels Petrinetzen formal modelliert.

Schließlich werden die Konzepte *common cause failure (CCF)* und *common mode failure (CMF)* gegenübergestellt.

4.1 Formalisierung der Überlebensfähigkeit

4.1.1 Formalisierung durch Relationierung

In diesem Abschnitt wird der Begriff der „Überlebensfähigkeit" eines Systems formal präzisiert. Dies geschieht ganz grundsätzlich auf Basis systemtheoretischer und semiotischer Beschreibungskonzepte und mit Hilfe der bereits benutzten Beschreibungsmittel Petrinetze und UML-Klassendiagramme. Den Anfang stellt die Definition von „Reliability" in Anlehnung an die IEC 60050 (siehe [5]) und unter Beachtung der Konvention 3.4 zur intensionalen Attributhierarchie dar:

J.R. Müller, *Die Formalisierte Terminologie der Verlässlichkeit Technischer Systeme*,
DOI 10.1007/978-3-662-46922-4_4

Definition 4.1 (*reliability, ~ performance und ~ performance measure*)

property: reliability
ability to perform as required, without failure, for a given time interval, under given conditions (in Anlehung an [5] (191-41-28)).

characteristic: reliability performance
defines the ability to perform as required, without failure, for a given time interval, under given conditions, by a function that relates its parameters.

quantity: reliability performance measure
probability of being able to perform as required for the time interval (t_1, t_2), under given conditions. This probability is given by a value (in Anlehung an [5] (191-45-10)).   □

Feststellung 4.1 (zur Definition 4.1)
Die Reliability-Definitionen beziehen sich alle auf *up states* und damit auf fehlerfreie Zustände (siehe Definition 4.2 und Abb. 3.20). Diese können grundsätzlich unterschieden werden in Zustände in denen das System aktiv ist (*operating states*), als auch in solche, in denen das System nicht aktiv ist (*non operating states*) – siehe hierzu Abb. 4.1. Da vorausgesetzt werden kann, dass das Ausfallverhalten in den verschiedenen *up states* unterschiedlich ist, müssen diese Unterschiede beim Definieren der *reliability performance* $R(t)$ berücksichtigt werden. Setzt man bspw. sowohl für den *operating state* λ_{op} als auch für die *non operating states* (λ_{nop}) konstante Ausfallraten voraus, so berechnet sich die zur Bestimmung von $R(t)$ relevanten Fehlerrate des *up states* λ_{up} durch

$$\lambda_{up} = p_{op} \cdot \lambda_{op} + p_{nop} \cdot \lambda_{nop}. \tag{4.1}$$

Hierbei seien p_{op} und p_{nop} die relativen Zeitanteile der *operating* bzw. *non operating* States.

Definition 4.2 (*up state, operating state, idle state, standby state*)

up state
state of being able to perform as required (aus [5] (191-42-01)).

operating state
state of performing as required (aus [5] (191-42-04)).

required time
time interval for which the item is required to be in an up state (aus [5] (191-42-08)).

non-required time
time interval for which the item is not required to be in an up state (aus [5] (191-42-09)).

standby state
non-operating up state during required time (aus [5] (191-42-10)).

idle state
non-operating up state during non-required time (aus [5] (191-42-14)).   □

Abb. 4.1 Relationierung der
Zustände aus Definition 4.2

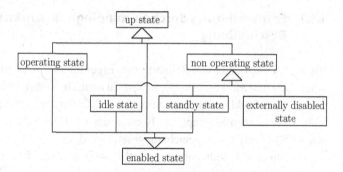

Festlegung 4.1 (zu *non operating states*)
Definition 4.2 und Abb. 4.1 zeigen, dass es verschiedene *non operating* states gibt: idle, standby und externally disabled. Die Spezifika dieser einzelnen Zustände sind in dieser Arbeit nicht von Relevanz; sie werden hier nur der Vollständigkeit halber angegeben. Festzuhalten ist jedoch, dass *up states* grundsätzlich in *operating states* und *non operating states* unterteilt werden können bzw. müssen.   □

Bemerkung 4.1 (zum *Verhalten in Hinblick auf Reliability*)
Abbildung 4.2 spezifiziert das Verhalten einer Komponente *comp* die im *up state* in einem der beiden Zustände *comp op* für „component operating" oder *comp up ∧ nop* für „comp up and but not operating" ist. In jedem dieser beiden *up states* gibt es entsprechende Ausfallmöglichkeiten in den *faulty*-Zustand (*failure op → faulty* bzw. *failure (up ∧ nop) → faulty*).

Bemerkung 4.2 (Ressourcen)
In Abb. 4.2 wurde auf die Angabe von Zustandsübergangsraten verzichtet: Sie haben im Kontext der Relationierung (neuer) Begriffe keine Relevanz.

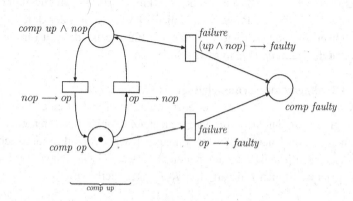

Abb. 4.2 Verhalten einer Komponente in Hinblick auf *Reliability*

4.1.2 Formalisierung durch terminologisch-strukturelle Beschreibung

Nach den Defintionen von Reliability als Eigenschaft (*property*, zu deutsch „Überlebens-fähigkeit") und Merkmal (*performance*, zu deutsch „Überlebenswahrscheinlichkeitsfunk-tion") und in Einklang mit Definition 3.12 zur intensionalen Attributhierarchie (vgl. auch Abb. 3.11) können Konzepte im Kontext der Überlebensfähigkeit terminologisch wie in den Abb. 4.3 und 4.4 in Beziehung gesetzt werden:

Abbildung 4.3 stellt zunächst die Eigenschaften- und die Merkmalsebene zu *Über-lebensfähigkeit* dar. Die abstrakte, nicht objektiv bestimmbare Eigenschaft *Überlebensfä-higkeit* wird auf Merkmalsebene durch die abstrakten Merkmale *Überlebenswahrschein-lichkeitsfunktion*, *Ausfallwahrscheinlichkeitsfunktion* oder *Ausfallratenfunktion* intensio-nal charakterisiert (vgl. auch Definition 3.12). Spezifische Ausprägungen dieser abstrakten Merkmale sind die entsprechenden generischen Merkmale die die abstrakten Merkmale präzisieren (also *Überlebenswahrscheinlichkeitsfunktionstyp*): So wird die Überlebens-wahrscheinlichkeitsfunktion in Abb. 4.4 durch die negative Exponentialfunktion ausge-prägt – dies könnte jedoch auch die Normalverteilungsfunktion oder eine beliebige andere Verteilungsfunktion sein.

In Abb. 4.4 sind die Relationen aller vier Ebenen aufgeführt. Darüber hinaus ist die Unterscheidung zwischen abstrakten und generischen Größen und Merkmalen herausge-stellt: Dabei sind abstrakte Größen den abstrakten Merkmalen zugeordnet; diese werden jeweils durch entsprechende generische Merkmale bzw. Größen ausgeprägt.

Erläuterung 4.1 (zur Abb. 4.4)
In Abb. 4.4 steht $\lambda_{up}(t)$ für die Rate mit der der *up state* zum Zeitpunkt t verlassen wird. Ist bspw. die Überlebenswahrscheinlichkeit negativ exponentialverteilt, so ist diese Rate konstant – siehe Überlebenswahrscheinlichkeit und Ausfallwahrscheinlichkeit in dieser Abbildung.

Bemerkenswert ist weiter, dass z. B. das Merkmal „Ausfallwahrscheinlichkeitsfunk-tion" alternativ durch die Ausfallwahrscheinlichkeitsverteilung oder durch die Ausfall-wahrscheinlichkeitsdichte bestimmt werden kann. Entsprechendes gilt für die Ausfallra-tenfunktion und die *mean up time to failure*-Funktion.

Festlegung 4.2 (allgemeine Voraussetzungen zu *Reliability*)
Das Zeitintervall (t_1, t_2) für die die Überlebenswahrscheinlichkeit eines Systems berech-net wird, hängt im Allgemeinen von der betrachteten Domäne und den entsprechenden Bedingungen ab, unter denen das System eingesetzt wird. Wird das untersuchte System bspw. periodisch nach jeweils T Zeiteinheiten gewartet, so ist es sinnvoll, $t < T$ zu wäh-len. Entsprechend wählt man T derart, dass $R(T)$ akzeptierbar ist.

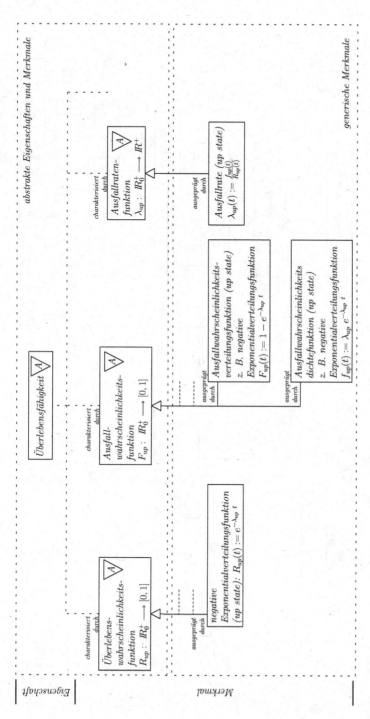

Abb. 4.3 Überlebensfähigkeit: Eigenschafts- und Merkmalsebene

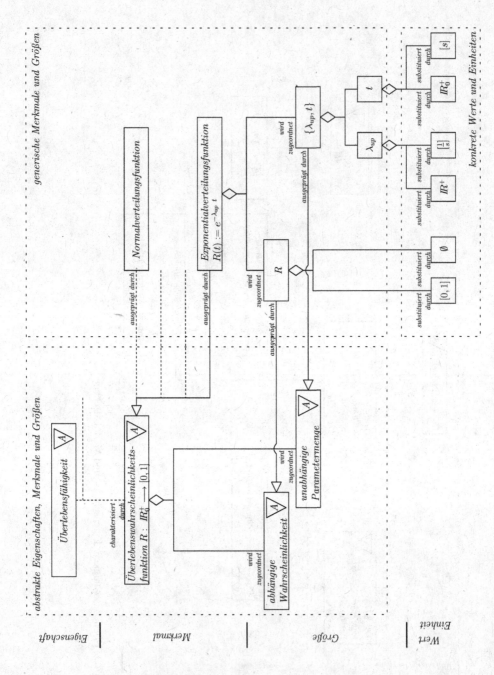

Abb. 4.4 Überlebensfähigkeit: Terminologisch-strukturelle Beschreibung

Bei der Berechnung von $R(t)$ wird darüber hinaus meist vorausgesetzt, dass externe Ressourcen während des Zeitintervalls (t_1, t_2) zur Verfügung stehen, dass es dem System also *möglich* ist, während des betrachteten Intervalls die geforderte Funktion zu erfüllen (vgl. bspw. [3]).   □

4.2 Mittelwerte ausfallfreier Zeiten

Dieser Abschnitt beschäftigt sich mit Mittelwerten ausfallfreier Zeiten. So wird bspw. der Begriff der MTTF – *Mean Time To Failure* präzisiert.

Feststellung 4.2 (zu den Definitionen von *Mean Time To Failure*)
Grundsätzlich fällt beim Studium der einschlägigen Literatur auf, dass bei der Definition der *Mean Time To Failure (MTTF)* oftmals nicht zwischen der *Mean Up Time To Failure* und der *Mean Operating Time To Failure* unterschieden wird: Birolini bezeichnet die *MTTF* als den „Mittelwert der ausfallfreien Arbeitszeit" (siehe [2], S. 59), wobei der „Arbeitszustand" als Gegenzustand zum „Reparaturzustand" (ebd. S. 290) spezifiziert wird. Börcsök gibt zwei Definitionen für die $R(t)$ an, einmal im Sinne als „Betriebszeit" und einmal im Sinne der „Funktionsfähigkeit". Die Definition der *MTTF* basiert dann zwar auf $R(t)$, doch wird sie als „Zeitmittelwert zwischen zwei Fehlern" (siehe [4], S. 97) oder auch als „Mittelwert der ausfallfreien Arbeitszeit" bezeichnet (ebd. S. 187).
    Schließlich bezeichnet die Abkürzung *MTTF* in [5] die *mean (operating) time to failure*. Diese selbst ist dann als „expectation of the operating time to failure" definiert.

Bemerkung 4.3 (zur Definition von *Mean Time To Failure*)
In dieser Arbeit wird zur Präzisierung daher explizit zwischen *MOTTF* als der *Mean Operating Time To Failure* und der *MUTTF* als der *Mean Up Time To Failure* unterschieden.

Definition 4.3 (*MOTTF und MUTTF*)

mean operating time to failure (MOTTF)
expectation of the operating time to failure (in Anlehnung an [5] (191-45-16)).

mean up time to failure (MUTTF)
expectation of the up time to failure.   □

Bemerkung 4.4 (zu *MTTFF*)
Im Kontext reparierbarer Systeme wird häufig zwischen *MTTF* und *MTTFF* – *Mean Time To First Failure* unterschieden (vgl. [1]). Dies, weil im Allgemeinen davon ausgegangen wird, dass Systeme nach einer Reparatur *nicht* neuwertig sind. Daher ist hier oftmals $MTTF < MTTFF$.

Festlegung 4.3 (zu *MTTFF*)
In dieser Arbeit wird vorausgesetzt, dass bei reparierbaren Systemen eine Reparatur wieder zu einem neuwertigen System führt, daher kann die Unterscheidung zwischen *MTTF* und *MTTFF* unterlassen werden. Es werden im folgenden lediglich *MTTF* und entsprechende Werte betrachtet.　　　　　　　　　　　　　　　　　　　　　　　　　　　　□

Feststellung 4.3 (mathematische Zusammenhänge nach Definition 4.3)
Nach Definition 4.3 und mit den in der Zeitleiste aus Abb. 4.5 gewählten Bezeichnungen ergeben sich direkt folgende mathematischen Zusammenhänge:

Die ausfallfreien Zeiten zwischen zwei beliebigen jedoch benachbarten Ausfällen *up time to failure* (*UTTF*) ergeben sich durch:

$$UTTF = T_i - T_{i-1} \forall i : Ev(T_i) = failure.$$

Der Erwartungswert der *UTTF* wird entsprechend als *mean up time to failure* (*MUTTF*) bezeichnet:

$$MUTTF = E(T_i - T_{i-i}) = \frac{\sum_{\{j|\ Ev(T_j)=failure\}} T_j - T_{j-1}}{|\{j\,|\,Ev(T_j) = failure\}|}.$$

Die *Operating Time To Failure* (*OTTF*) lässt sich wie folgt bestimmen:

$$OTTF = \sum_{\{j|\ Ev(T_j)=failure\},k=1}^{k=n_{j-1}} t_{(j-1,k')} - t_{(j-1,k)}.$$

Schließlich berechnet sich die *mean operating time to failure* (*MOTTF*) durch:

$$MOTTF = E\left(\sum_{\{j|\ Ev(T_j)=failure\},k=1}^{k=n_{j-1}} t_{(j-1,k')} - t_{(j-1,k)}\right)$$

$$= \frac{\sum_{\{j|\ Ev(T_j)=failure\},k=1}^{k=n_{j-1}} t_{(j-1,k')} - t_{(j-1,k)}}{n}.$$

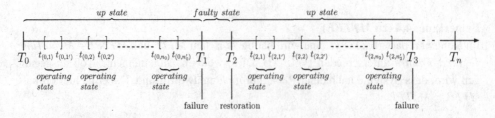

Abb. 4.5 Relevante Zustände und Ereignisse in Bezug auf die MOTTF und MUTTF-Bestimmung

4.3   Strukturelle Beeinflussung der Überlebensfähigkeit

In diesem Abschnitt werden zunächst die Serienstruktur und anschließend Redundanzstrukturen als Repräsentanten üblicher Systemstrukturen eingeführt und formal definiert. Die unterschiedlichen Arten von Redundanzstrukturen werden in Abschn. 4.3.2 vorgestellt (vgl. Abb. 4.6). Schließlich werden in Abschn. 4.4 *common cause failure* und *common mode failure* formal eingeführt.

4.3.1   Serienstruktur

Für Serienstrukturen ist es notwendig, dass alle Komponenten im Zustand *up state* sind, damit das System, bestehend aus diesen Komponenten, fähig ist, eine geforderte Funktion zu erfüllen. In Abb. 4.7 ist das Petrinetzmodell einer 3*oo*3-Serienstruktur dargestellt; Abb. 4.8 stellt den dazugehörenden Erreichbarkeitsgraphen dar. Hierbei ist anzumerken, dass der Systemzustand als reine Aggregation der Zustände der einzelnen Komponenten interpretiert und daher im Erreichbarkeitsgraphen nicht explizit aufgenommen wird: Die lokalen Netzzustände *system up* und *system faulty* finden sich also nicht im Erreichbarkeitsgraphen.

Bemerkung 4.5 (zum Modell aus Abb. 4.7)
Der Typ der Überlebenswahrscheinlichkeitsverteilungsfunktion der Komponenten $comp_1$ bis $comp_3$ wurde durch die Wahl der entsprechenden *failure*-Transitionen als negativ exponentiell modelliert (spezifiziert durch unausgefüllte Transitionen – vgl. Abb. 2.9). Die drei möglichen Ausfälle des System sind jedoch zeitlos modelliert: Sobald eine Komponente $comp_i$ im Zustand $comp_i$ *faulty* ist ($i = 1, 2, 3$), geht auch das System ohne Zeitverzögerung in den Zustand *system faulty* über. Eine Reparatur der Komponenten ist im Kontext der *Überlebens*fähigkeit bei Serienstrukturen nicht vorgesehen.

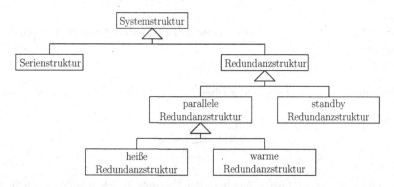

Abb. 4.6 Systemstrukturen: Serien- und Redundanzstrukturen (vgl. [7])

Abb. 4.7 Petrinetz einer 3oo3-Systemstruktur („Serienstruktur")

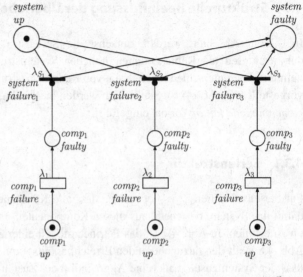

Abb. 4.8 Erreichbarkeitsgraph zum Modell aus Abb. 4.7

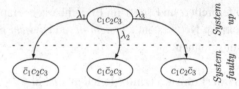

Feststellung 4.4 (zu Serienstrukturen)

Es ist leicht einzusehen, dass mit steigender Anzahl von in Serie geschalteten Komponenten die Überlebenswahrscheinlichkeit des Systems schnell abnimmt. Setzt man exponentielle Ausfallverteilungen wie im Modell in Abb. 4.7 voraus, so berechnet sich die Ausfallrate des Systems $\lambda_{Sys} := \sum_{i=1}^{3} \lambda_{S_i}$ durch

$$\lambda_{Sys} = \lambda_1 + \lambda_2 + \lambda_3,$$

da $\lambda_{S_i} = \lambda_i$ für $i = 1, 2, 3$. Auf Basis exponentieller Überlebenswahrscheinlichkeitstypen der Komponenten

$$R_i(t) = e^{-\lambda_i t}$$

ergibt sich für das gesamte System der Überlebenswahrscheinlichkeitstyp $R_S(t)$ durch:

$$R_S(t) = \prod_{i=1}^{3} R_i(t).$$

In Abb. 4.9 ist die generelle Entwicklung der Überlebenswahrscheinlichkeit in Serienstrukturen dargestellt.

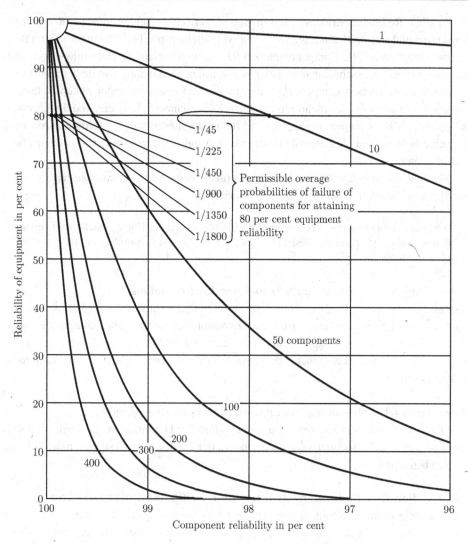

Abb. 4.9 Entwicklung der Überlebenswahrscheinlichkeiten bei Serienstruktur nach [7]

4.3.2   Redundanzstrukturen

In diesem Abschnitt werden exemplarisch verschiedene Redundanzstrukturen vorgestellt. Grundsätzlich kann zwischen *paralleler Redundanz* und *standby Redundanz* unterschieden werden: Der Typus von Systemen mit paralleler *m aus n* Redundanz kann beschrieben werden durch: „Zu Beginn sind mit dem System auch alle Komponenten im *up state*. Das System bleibt im *up state* solange mindestens *m* Komponenten im *up state* sind; es fällt aus, sobald mindestes $n - m + 1$ Komponenten ausgefallen sind." (vgl. bspw. [7], S. 76 f.).

Parallele Redundanzstrukturen lassen sich weiter unterscheiden in *heiße Redundanzstrukturen* und *warme Redundanzstrukturen* (vergleiche bspw. [4]). Bei einer heißen Redundanzstruktur sind alle Komponenten von Beginn an der gleichen Belastung ausgesetzt. Demgegenüber unterscheidet man bei einer warmen Redundanzstruktur üblicherweise zwischen einer „Arbeitskomponente", die im Zustand *operating* einer hohen Belastung ausgesetzt ist und ein oder mehreren „warmen Redundanzen". Letztere sind üblicherweise geringeren Belastungen ausgesetzt. Die Belastung dieser warmen Redundanzen wird jedoch erhöht, sobald die Arbeitskomponente oder ggf. andere warme Redundanzen ausgefallen sind.

Systeme mit *standby Redundanzstruktur* (auch *kalte Redundanzstrukturen* genannt) werden von Pieruschka in [7] wie folgt beschrieben:

> „Only one component operates at a time. We use the component 1 first, switch over to component 2 when component 1 fails, and so on. [...] The system is considered to fail when all of its *n* components fail."

Feststellung 4.5 (warme Redundanz und standby Redundanz)
Der essentielle Unterschied zwischen einer warmen und einer standby Redundanzstruktur ist also, dass bei einer warmen Redundanzstruktur grunsätzlich alle Kompoenten mindestens einer Grundlast ausgesetzt sind, bei einer standby Struktur wird dagegen explizit zwischen einer Arbeitskomponente und einer oder mehreren („kalten") Ersatzkomponenten unterschieden.

Konvention 4.1 (Betrachtung von up states statt operating states)
Zur Gewährleistung der Konsistenz mit der *Reliability*-Definition (siehe Definition 4.1) wird auch hier nicht der *operating state* sondern der *up-state* von Systemen bzw. Komponenten betrachtet.

4.3.2.1 Parallele Redundanzstruktur (hier: heiße Redundanzstruktur)

Für parallele *m aus n*-Redundanzstrukturen ist es notwendig, dass *m* von insgesamt *n* Komponenten im Zustand *up state* sind, damit das System bestehend aus diesen Komponenten fähig ist, eine geforderte Funktion zu erfüllen. In Abb. 4.10 ist das Modell einer heißen $1oo3$ Redundanzstruktur dargestellt; Abb. 4.11 zeigt den dazugehörenden Erreichbarkeitsgraphen. Hierbei ist anzumerken, dass der Systemzustand wieder als reine Aggregation der Zustände der einzelnen Komponenten interpretiert wird und daher im Erreichbarkeitsgraphen nicht explizit aufgenommen wurde.

Bemerkung 4.6 (zum Modell aus Abb. 4.10)
Der Typ der Überlebenswahrscheinlichkeitsverteilungsfunktion der Komponenten $comp_1$ bis $comp_3$ wurde wieder durch die Wahl der entsprechenden *failure*-Transitionen als negativ exponentiell modelliert. Der einzig mögliche Ausfall des Systems ist wieder zeitlos modelliert: Sobald alle Komponenten $comp_i$, $i = 1, 2, 3$ im Zustand $comp_i$ *faulty* sind,

Abb. 4.10 Petrinetz einer 1oo3-Systemstruktur (hier: heiße Redundanzstruktur)

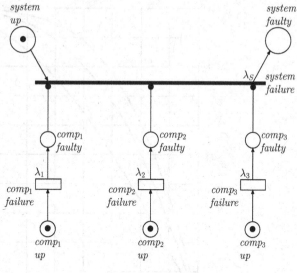

Abb. 4.11 Erreichbarkeitsgraph zum Modell aus Abb. 4.10

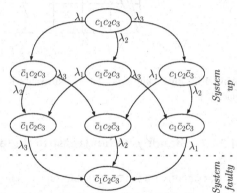

geht auch das System ohne Zeitverzögerung in den Zustand *system faulty* über. Eine Reparatur der Komponenten wie auch des Systems wurde in diesem Modell ausgeschlossen.

Feststellung 4.6 (zur parallelen Redundanzstruktur)

Es ist leicht einzusehen, dass mit steigender Anzahl von parallel geschalteten Komponenten die Überlebenswahrscheinlichkeit des Systems schnell zunimmt. Allgemein berechnet sich für parallele 1oo3-Strukturen die Überlebenswahrscheinlichkeit des Systems R_S durch

$$R_S(t) = \sum_{i=1}^{3} \binom{3}{i} R^i(t) \cdot (1 - R(t))^{3-i}$$

(siehe bspw. [4]).

In Abb. 4.12 ist die Entwicklung der Überlebenswahrscheinlichkeit in parallelen Redundanzstrukturen dargestellt.

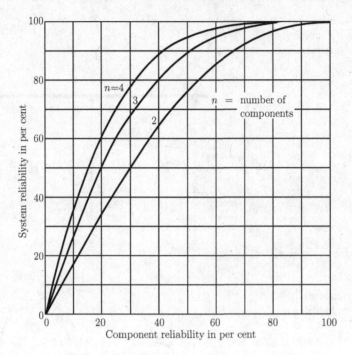

Abb. 4.12 Entwicklung der Überlebenswahrscheinlichkeiten bei parallelen Redundanzstrukturen nach [7]

4.3.2.2 Standby-Redundanzstruktur (auch: „kalte" Redundanzstruktur)

Bei standby Redundanzstrukturen ist es notwendig, dass wenigstens eine Komponente der insgesamt n Komponenten im Zustand *up state* ist, damit das System bestehend aus diesen Komponenten fähig ist, eine geforderte Funktion zu erfüllen. In Abb. 4.13 ist das Modell einer $1oo2$-standby Redundanzstruktur dargestellt.

Bemerkung 4.7 (zum Modell aus Abb. 4.13)
Der essentielle Unterschied zur heißen Redundanz ist hier, dass die zweite Komponente erst dann in den Zustand $comp_2$ *up* eintritt, nachdem Komponente 1 ausgefallen ist ($comp_1$ *faulty*). Das Eintreten in Zustand $comp_2$ *up* gelingt, falls das Umschalten erfolgreich ist (*switch succeeds*) – im Modell ist die entsprechende Wahrscheinlichkeit p als Gewicht der zeitlosen Transition *switch succeeds* modelliert. Entsprechend kann der Eintritt in Zustand $comp_2$ *up* misslingen (*switch fails*) – im Modell mit der Wahrscheinlichkeit $1 - p$ spezifiziert. Mittels der Stelle # *of tries to swith* wird spezifiziert, dass es lediglich einen Umschaltversuch von Komponente 1 nach Komponente 2 gibt (tatsächlich ist die Kante von dieser Stelle zur Transition *switch succeeds* überflüssig, da durch die Kante von

Abb. 4.13 Redundanzstruktur: 1oo2 mit nicht perfektem Schalter

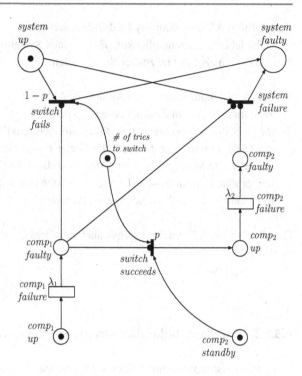

comp₂ standby zu *switch succeeds* gewährleistet ist, dass max. ein Umschaltversuch gelingen kann.

Gelingen und Misslingen des Umschaltens sind im Modell zeitlos spezifiziert. Dies entspricht den allgemein üblichen und vereinfachenden Voraussetzungen beim Bestimmen der Überlebensfähigkeit von Systemen.

Damit gibt es im Modell zwei Möglichkeiten des Systemausfalls: Zum Einen, nachdem die erste Komponente ausgefallen ist und das Umschalten misslingt und zum Anderen, falls nach dem Ausfall der ersten Komponente und nach erfolgreichem Umschalten auf die zweite auch diese ausfällt. Eine dritte Möglichkeit ist, dass das Umschalten auf Komponente 2 zwar gelingt, diese aber nicht im *standby*-Zustand war. Diese Möglickeit wurde im Modell jedoch nicht betrachtet.

Weiter ist anzumerken, dass es selbstverständlich unterschiedliche Möglichkeiten gibt, dieses Systemverhalten zu modellieren: Auch könnte der Schalter als eigenständige Komponente mit den beiden Zuständen *switch up* und *switch faulty* modelliert werden. In Abhängigkeit der so explizit modellierten Zustände könnten dann die entsprechenden Übergänge zu *comp₂ up* bzw. zu *system faulty* modelliert werden. Es wurde hier jedoch die etwas kompaktere, verhaltensgleiche Darstellung gewählt.

Feststellung 4.7 (zur standby Redundanzstruktur)
Die Überlebenswahrscheinlichkeit $R_S(t)$ eines Systems mit standby Redundanzstruktur berechnet sich als Summe zweier Summanden:

1. Die Arbeitskomponente (im Modell in Abb. 4.13 ist das $comp_1$) bleibt während des Zeitraums $0 \ldots t$ im Zustand $comp_1$ up oder
2. die Arbeitskomponente $comp_1$ fällt zum Zeitpunkt x innerhalb des Intervalls $0 \ldots t$ aus $(x < t)$ und über die restliche Dauer $t - x$ bleibt $comp_2$ im Zustand $comp_2$ up. Diese zweite Möglichkeit kann jedoch nur dann die Systemüberlebenswahrscheinlichkeit erhöhen, wenn der Umschalter zwischen der ersten und der zweiten Komponente funktioniert (Wahrscheinlichkeit im Beispiel: p).

Damit kann die Systemüberlebenswahrscheinlichkeit $R_S(t)$ wie folgt berechnet werden (siehe [6]):

$$R_S(t) = R_1(t) + p \cdot \int\limits_0^t f_1(x) \cdot R_2(t - x)\, dx.$$

4.3.2.3 Parallele-Redundanzstrukturen (hier: warme Redundanzstruktur)

In Parallelstrukturen mit heißer Redundanzstruktur sind alle Komponenten den gleichen Bedingungen unterworfen: Zwischen den Komponenten existiert keine *Lastaufteilung*. In der Praxis findet eine solche Aufteilung der Last auf mehrere Komponenten häufig statt (vgl. [2]). Das Modell in Abb. 4.14 realisiert eine solche Lastaufteilung mittels einer warmen $1oo2$-Redundanzstruktur.

Bemerkung 4.8 (zum Modell aus Abb. 4.14)
Das System in Abb. 4.14 besteht aus zwei Komponenten die im initialen Systemzustand jeweils lokal im Zustand $comp_{1_{low}}$ bzw. $comp_{2_{low}}$ sind – die Last wird auf beide Komponenten aufgeteilt. Fällt bspw. Komponente 1 in diesem Zustand aus und wechselt in den Zustand $comp_1$ *faulty*, so geht Komponente 2 mit Wahrscheinlichkeit p in den Zustand $comp_2$ up_{high} über. Die Gesamtlast wird nun nicht mehr aufgeteilt, sondern ausschließlich von Komponente 2 getragen.

In diesem System gibt es daher vier Möglichkeiten eines Systemausfalls:

- Komponente 1 fällt aus und der Umschalter von $comp_2$ up_{low} nach $comp_2$ up_{high} versagt. Letzteres geschieht mit Wahrscheinlichkeit $1 - p$.
- Entsprechend kann Komponente 2 ausfallen und der Umschalter von $comp_1$ up_{low} nach $comp_1$ up_{high} versagt. Letzteres geschieht mit Wahrscheinlichkeit $1 - q$.
- Schließlich ist es möglich, dass nach Ausfall einer der beiden Komponenten zwar das Umschalten auf die jeweils andere funktioniert, die verbleibende Komponente aber auch ausfällt.

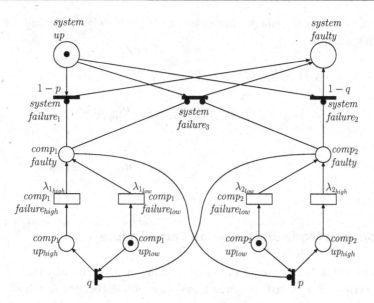

Abb. 4.14 Redundanzstruktur: Warme 1oo2-Redundanzstruktur mit Schalter

Zu diesem Modell ist weiter anzumerken, dass nicht mehr zwischen „Arbeitskomponente" und „redundanter Komponente" unterschieden wird. Eine solche Unterscheidung kann dann sinnvoll sein, wenn eine Arbeitskomponente i.d.R. den größeren Teil der Last trägt, die redundante Komponente nur den geringeren Anteil. Vor diesem Hintergrund ist das Modell aus Abb. 4.14 generisch: Die Unterscheidung in Arbeitskomponente und redundanter Komponente kann durch geeignete Wahl der Ausfallraten $\lambda_{1_{low}}$ und $\lambda_{2_{low}}$ spezifiziert werden.

Feststellung 4.8 (zu warmen Redundanzstrukturen)
Die Systemüberlebenswahrscheinlichkeit lässt sich als eine Summe von drei Summanden berechnen; dabei wird die Analogie zur kalten Redundanz ersichtlich:

- Beide Komponenten sind während des gesamten Intervalls in ihrem jeweiligen up_{low} Zustand.
- Komponente 1 fällt zu einem Zeitpunkt $x < t$ aus, anschließend wechselt Komponente 2 von Zustand $comp_2\ up_{low}$ nach $comp_2\ up_{high}$.
- Entsprechend kann Komponente 2 zu einem Zeitpunkt $x < t$ ausfallen und anschließend wechselt Komponente 1 von Zustand $comp_1\ up_{low}$ nach $comp_1\ up_{high}$.

Die Grundlage für folgende Formel ist in [6] auf S. 138 zu finden, dort ist Komponente 1 jedoch explizit die Arbeitskomponente, der *low*-Zustand wird für diese Komponente dort nicht betrachtet.

Unter diesem Aspekt kann die folgende Formel als Verallgemeinerung der dortigen angesehen werden:

$$R_S(t) = R_{1_{low}}(t) \cdot R_{2_{low}}(t)$$

$$+ p \int\limits_0^t f_{1_{low}}(x) \cdot R_{2_{low}}(x) \cdot R_{2_{high}}(t-x)\,dx$$

$$+ q \int\limits_0^t f_{2_{low}}(x) \cdot R_{1_{low}}(x) \cdot R_{1_{high}}(t-x)\,dx.$$

4.4   Common Mode und Common Cause Failure

Bis hierher wurden Ausfälle (engl. *failure*) mit Definition 3.14 ganz allgemein als „loss of ability to perform as required" eingeführt. In diesem abschließenden Abschnitt zur Überlebensfähigkeit werden noch die spezifischen Ausfallarten *Common Mode Failure (CMF)* und *Common Cause Failure (CCF)*, also Ausfälle die nur bei Systemen mit mehreren Komponenten auftreten können, betrachtet und formal definiert. Bzgl. der Definitionen übernimmt bzw. orientiert sich diese Arbeit wieder an denen aus [5].

Definition 4.4 (*Common Mode Failure (CMF)*)

failure mode
manner in which [a] failure occurs (aus [5] (191-43-17)).

common mode failures (within a system)
failures of different items characterized by the same failure mode (aus [5] (191-43-19)).
□

Feststellung 4.9 (zu Definition 4.4)
Der *common mode* eines CMF bezieht sich auf die Auswirkung innerhalb des Systems: Komponenten (oder *items*) fallen auf die gleiche Art und Weise aus. Über die Ursache dieser Ausfälle wird nichts gesagt; CMF müssen nicht notwendigerweise gleichzeitig auftreten. Es *kann* sich daher um unabhängig auftretende Ausfälle handeln, die zum selben *failure mode* führen.

Definition 4.5 (*Common Cause Failures (CCF)*)

common cause failures (within a system)
failures of different items, resulting from a single event where these failures are not consequences of each other (aus [5] (191-43-18)).
□

Abb. 4.15 CMF und CCF können unabhängig voneinander auftreten

Feststellung 4.10 (zu Definition 4.5)
Der *common cause* eines CCF bezieht sich auf die Ursache von Ausfällen: Die verschiedenen Komponenten fallen aufgrund eines singulären Ereignisses (der einzigen Ursache) aus („resulting from a single event"). Die Ausfälle dieser Komponenten bedingen sich zwar nicht, sind jedoch jeweils Folge dieser gemeinsamen Ursache.

Feststellung 4.11 (zu den Definitionen 4.4 und 4.5 *(CMF und CCF)*)
Die vorangegangenen Definitionen und Feststellungen zu CMF und CCF lassen den Schluss zu, dass diese beiden Ausfallarten unabhängig voneinander sind; daher kann ihre Beziehung wie in Abb. 4.15 visualisiert werden.

Bemerkung 4.9 (zum *Verhalten von Komponenten in Hinblick auf CMF and CCF*)
In Abb. 4.16 ist eine heiße 1oo2-Redundanzstruktur dargestellt. Die beiden Komponenten $comp_1$ und $comp_2$ haben jeweils zwei Ausfallmoden *failure*$_1$ und *failure*$_2$. Die Indizes der Ausfallraten λ_{ijk} sind wie folgt zu interpretieren:

i Ausfallrate bezieht sich auf Komponente i.
j Ausfallrate bezieht sich auf Ausfallmodus j.
k Ausfallrate bezieht sich auf einen der im Folgenden zu beschreibenden drei Fälle
  $k = 1...3$.

Bezogen auf Abb. 4.15 gibt es die folgenden drei Systemausfallmöglichkeiten:

1) *CCF* $\wedge$ *¬CMF*: (dunkelgrau unterlegt) Ein einziges Ereignis führt zum Ausfall beider Komponenten. In Abb. 4.16 ist ein solches Ereignis exemplarisch durch die Transition mit Rate $\lambda_{CCF \wedge \neg CMF}$ modelliert. Das Eintreten dieses Ereignisses bewirkt in der Folge den Ausfall sowohl von $comp_1$ in einen der beiden möglichen Ausfallmoden als auch von $comp_2$ in einen der beiden möglichen Ausfallmoden – *common cause*. Die Ausfallmoden der beiden Komponenten sind jedoch unabhängig voneinander (nicht *common mode*) d. h. der CCF kann zu vier unterschiedlichen Kombinationen von Ausfallmoden führen.
Zu beachten ist hierbei, dass auch bei einer gemeinsamen Ursache die Ausfälle der Komponenten grundsätzlich unabhängig sind: Das Eintreten der gemeinsamen Ursache führt nicht zwangsläufig zum unmittelbaren und gleichzeitigen Ausfall beider Komponenten, sondern bewirkt in der Folge den unabhängigen, ggf. zeitversetzten Ausfall

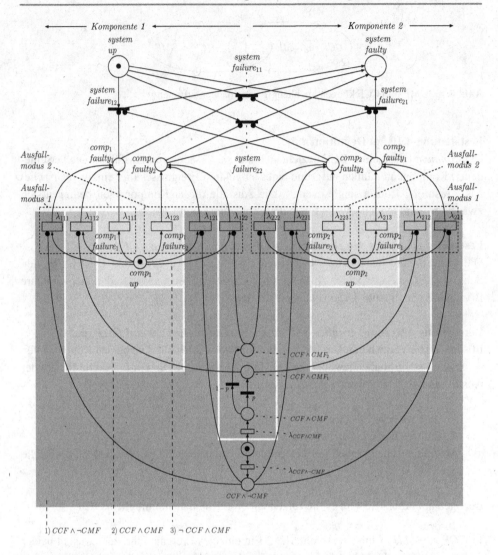

Abb. 4.16 Verhalten eines 1oo2-Systems in Hinblick auf CMF und CCF

der beiden Komponenten. Bspw. kann Komponente 1 aufgrund eines CCF in Ausfallmodus 1 mit Rate $\lambda_{11(1)}$ und Komponente 2 (zufällig) im gleichen Modus ausfallen,
jedoch mit Rate $\lambda_{21(1)}$.

2) *CCF* $\wedge$ *CMF*: (mittelgrau unterlegt) Ein einziges Ereignis führt zum Ausfall beider
Komponenten im selben Ausfallmodus. In Abb. 4.16 ist ein solches Ereignis exemplarisch durch die Transition mit Rate $\lambda_{CCF\wedge CMF}$ modelliert. Das Eintreten dieses Ereignisses bewirkt in der Folge den Ausfall sowohl von *comp*$_1$ als auch von *comp*$_2$ – *common
cause*. Zudem fallen beide Komponenten im gleichen Modus aus – *common mode* und

zwar im Modus 1 mit Wahrscheinlichkeit p oder im Modus 2 mit Wahrscheinlichkeit $1 - p$.

Zu beachten ist hierbei wieder, dass auch für identische Ausfallmoden die Ausfallraten der beiden Komponenten unterschiedlich sein können. Im Modell ist i. A. $\lambda_{11(2)} \neq \lambda_{21(2)}$ und entsprechend $\lambda_{12(2)} \neq \lambda_{22(2)}$. Diese Modellierung kann für heterogene Redundanzen (bspw. Komponenten unterschiedlicher Hersteller) durchaus notwendig sein. Eine synchronisierende Transition als Modellierung des „gemeinsamen Ausfalls" würde das Verhalten derart vereinfachen, dass beide Komponenten nur gemeinsam, d. h. zum selben Zeitpunkt ausfallen können.

3) $\neg CCF \wedge CMF$: (hellgrau unterlegt) Die beiden Komponenten fallen unabhängig voneinander, d. h. nicht aufgrund einer gemeinsamen Ursache, im selben Ausfallmodus aus. Da in diesem Fall keine gemeinsame Ursache vorliegt, erfolgen die Ausfälle zufällig im selben Modus (im Gegensatz zum 2. Fall). Diese Systemausfallmöglichkeit ist in Abb. 4.16 durch die vier unabhängigen Transitionen *comp₁ failure₁*, *comp₁ failure₂*, *comp₂ failure₁* und *comp₂ failure₂* modelliert. Dadurch erlaubt das Modell, dass die beiden Komponenten unabhängig voneinander, also nicht *common cause*, im selben Modus ausfallen (*common mode*).

Bemerkung 4.10 (CMF und sicherheitsgerichtete Systeme)
Tritt bspw. bei einem sich gegenseitig überwachenden $2oo2$-System ein CMF (gleichzeitig) auf, so führt dies i. A. dazu, dass die Fehlzustände nicht mehr offenbart werden – für sicherheitsgerichtete Systeme ist damit ein kritischer Zustand erreicht.

Literatur

1. Bernd Bertsche. *Reliability in Automotive and Mechanical Engineering*. Springer, 2008.

2. Alessandro Birolini. *Zuverlässigkeit von Geräten und Systemen*. Springer, Berlin, 1997.

3. Marco Bozzano und Adolfo Villafiorita. *Design and Safety Assessment of Critical Systems*. CRC Press Taylor & Francis Group, 2011.

4. Josef Börcsök. *Elektronische Sicherheitssysteme – Hardwarekonzepte, Modelle und Berechnung*. Hüthig Verlag Heidelberg, 2007.

5. IEC-60050-191. *IEC 60050-191 – Ed.2.0, International Elektrotechnical Vocabulary (CDV)*. International Electrotechnical Commission, 2011.

6. Way Kuo und Ming J. Zuo. *Optimal Reliability Modeling: Principles and Applications*. John Wiley & Sons, 2002.

7. Erich Pieruschka. *Principles of Reliability*. Prentice-Hall – International Series in Electrical Engineering, 1963.

Formalisierung der Instandhaltbarkeit als Systemeigenschaft

5

Der begriffliche Bereich der Instandhaltbarkeit wird auf Grundlage der in der IEC 60050-191 [5] in diesem Kontext definierten Zeiten definitorisch und formalisiert abgedeckt. Insbesondere die Einführung der „extended maintainability" dient hier der vollständigen Erschließung des entsprechenden terminologischen Gebietes. Dies wieder unter Schließung entsprechender sprachlicher wie kognitiver Lücken.

In der Folge kann sich dieses Kapitel auf die Betrachtung der *corrective maintainability* beschränken und vermeidet auf diese Weise erhebliche Redundanzen mit dem Begriff der *preventive maintainability*. Im dritten Abschnitt werden im Kontext von Mittelwerten von Wiederherstellungszeiten ebenfalls begriffliche Präzisierungen vorgenommen und mathematisch gefasst.

5.1 Formalisierung der Instandhaltbarkeit

5.1.1 Formalisierung durch Relationierung

Dieser Abschnitt beschäftigt sich mit der Formalisierung des Begriffs „Instandhaltbarkeit". Präzisiert wird dieser zentrale Begriff wieder unter Rückgriff auf die Semiotik sowie mittels Petrinetz-Modellen und UML-Klassendiagrammen.

Definition 5.1 (*maintainability, ~ performance und ~ performance measure*)
property: maintainability
ability to be retained in, or restored to a state as required, under given conditions of use and maintenance (in Anlehnung an [5] (191-41-31)).

characteristic: maintainability performance
defines the ability to be retained in, or restored to a state as required, under given conditions of use and maintenance, by a function that relates its parameters.

© Springer-Verlag Berlin Heidelberg 2015
J.R. Müller, *Die Formalisierte Terminologie der Verlässlichkeit Technischer Systeme*,
DOI 10.1007/978-3-662-46922-4_5

quantity: maintainability performance measure
probability that a given maintenance action, performed under stated conditions and using specified procedures and ressources, can be completed within the time interval (t_1, t_2) given that the action started at $t = 0$. This probability is given by a value. (in Anlehnung an [5] (191-47-01)).   □

Bemerkung 5.1 (zu Definition 5.1)

Im Rahmen der Definition der Eigenschaft „maintainability", in [5] (191-41-31) als „characteristic" bezeichnet, ist zu „given conditions" Folgendes angemerkt: „Given conditions include aspects that affect maintainability, such as: location or maintenance, accessibility, maintenance procedures and maintenance ressources." Die Extension (der Umfang) der *conditions* beinhaltet hier also die *maintenance ressources* (vgl. Abschn. 3.4.3).

Demgegenüber werden bei der Definition der Größe „maintainability" [5] (191-47-01) Ressourcen (gleichberechtigt) neben Bedingungen erwähnt: Hier sind Ressourcen nicht in der Extension von Bedingungen.

Hinsichtlich Ressourcen beschränkt sich diese Arbeit auf die Betrachtung der Zeit, die zur Bereitstellung dieser benötigt wird (*logistic delay*, siehe Definition 5.7) und die Effizienz, mit der diese zur Verfügung gestellt werden können ((*corrective) maintainability support (measure)*, siehe Definition 5.9).

Feststellung 5.1 (zu Definition 5.1)

Die maintainability-Definitionen aus Definition 5.1 die auf Basis der IEC 60050-191 entwickelt wurden, sind sehr allgemein und umfassen in ihrer Extension sowohl die *corrective maintainability* als auch die *preventive maintainability*, vgl. Abb. 5.1.

Auf Eigenschaftenebene differenziert die Norm hier nicht; hinsichtlich entsprechender Zeiten (*corrective maintenance time* und *preventive maintenance time*) jedoch sehr wohl, vgl. Abb. 5.2. In dieser Abbildung ist auch ersichtlich, dass weder die *fault detection time* noch der *administrative delay* zur *maintenance time* gerechnet werden. Dies legt die Definition einer „erweiterten Instandhaltbarkeit" (*extended maintainability*) nahe, die auch die *fault detection time* und das *administrative delay* berücksichtigt (siehe Abb. 5.3 und Definition 5.2).

Abb. 5.1 Relationierung von Instandhaltungsfähigkeiten

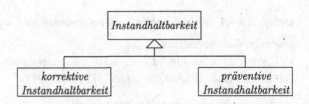

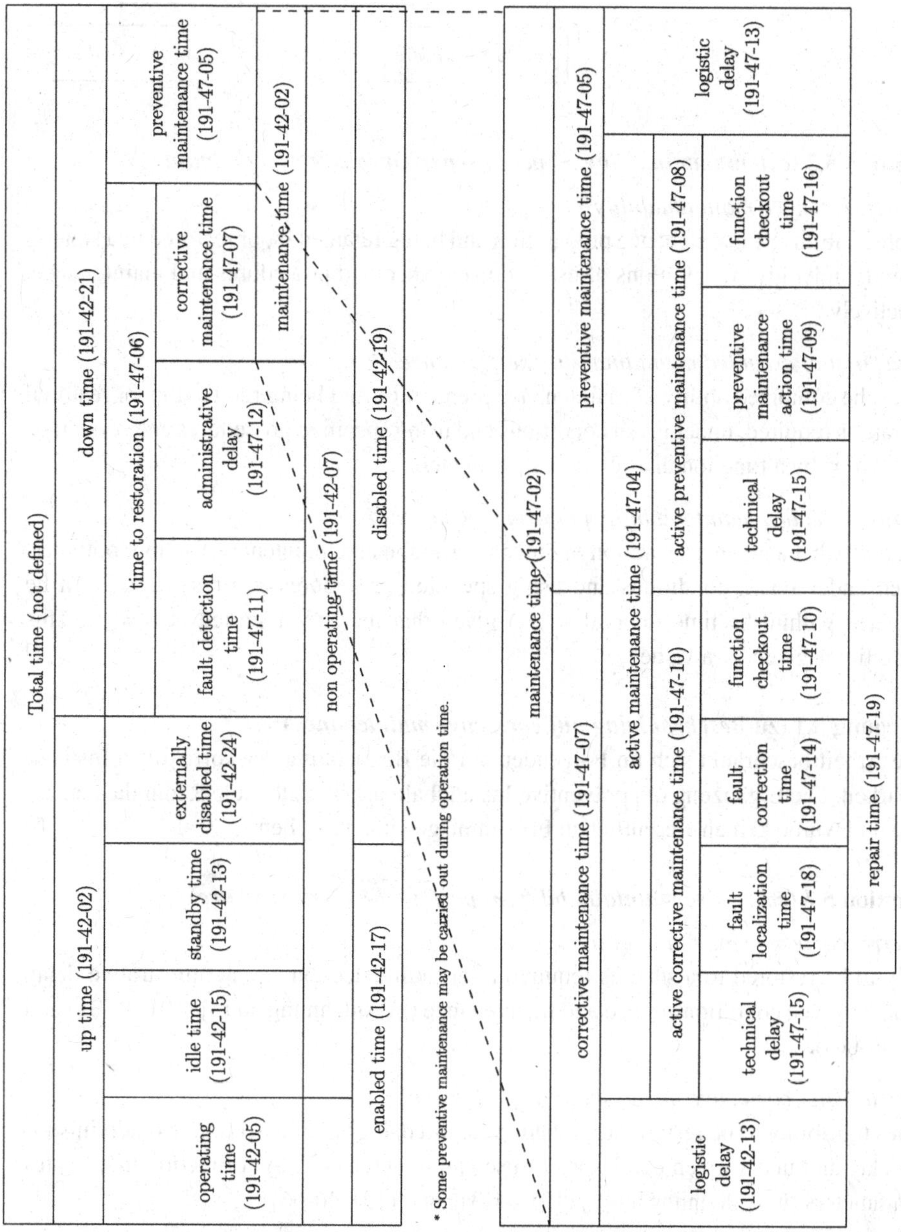

Total time (not defined)

up time (191-42-02)

down time (191-42-21)

operating time (191-42-05)

idle time (191-42-15)

standby time (191-42-13)

externally disabled time (191-42-24)

time to restoration (191-47-06)

preventive maintenance time (191-47-05)

fault detection time (191-47-11)

administrative delay (191-47-12)

corrective maintenance time (191-47-07)

maintenance time (191-42-02)

enabled time (191-42-17)

non operating time (191-42-07)

disabled time (191-42-19)

* Some preventive maintenance may be carried out during operation time.

maintenance time (191-47-02)

corrective maintenance time (191-47-07)

preventive maintenance time (191-47-05)

active maintenance time (191-47-04)

active corrective maintenance time (191-47-10)

active preventive maintenance time (191-47-08)

logistic delay (191-42-13)

technical delay (191-47-15)

fault localization time (191-47-18)

fault correction time (191-47-14)

function checkout time (191-47-10)

technical delay (191-47-15)

preventive maintenance action time (191-47-09)

function checkout time (191-47-16)

logistic delay (191-47-13)

repair time (191-47-19)

Abb. 5.2 Relationierung von Zeitdauern – insbesondere im Kontext der Instandhaltung (in Anlehnung an [5])

Abb. 5.3 Die erweiterte
Instandhaltbarkeit

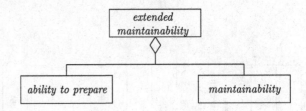

Definition 5.2 (*ext. maintainability, ~ perf., ~ perf. measure und ~ quantity*)

property: extended maintainability
combined ability of maintenance preparation and being retained in, or restored to a state as required, under given conditions of use and using specified procedures and maintenance, respectively.

characteristic: extended maintainability performance
defines the combined ability of maintenance preparation and being retained in, or restored to a state as required, under given conditions and using specified procedures and ressoures, respectively, by a function that relates its parameters.

quantity: extended maintainability performance measure
probability that a given preparation maintenance action and maintenance action, both performed under stated conditions and using specified procedures and ressources, can be completed within the time interval (t_1, t_2) given that the action started at $t = 0$. This probability is given by a value. □

Festlegung 5.1 (**zu** *Beschränkung auf corrective maintenance*)
Diese Arbeit beschränkt sich im Folgenden auf die Betrachtung der korrektiven Instandhaltbarkeit. Die Ergänzung um präventive Instandhaltbarkeit hätte viele Redundanzen zur Folge und würde keinen wesentlichen Erkenntnisgewinn darstellen. □

Definition 5.3 (*corrective maintainability, ~ perf. und ~ perf. measure*)

property: corrective maintainability
ability to be restored to a state as required after fault detection and administrative delay and under given conditions of use and maintenance (in Anlehnung an [5] (191-41-31) und (191-46-06)).

characteristic: corrective maintainability performance
defines the ability to be restored to a state as required after fault detection and administrative delay and under given conditions of use and maintenance, by a function that relates its parameters (in Anlehnung an [5] (191-41-31) und (191-46-06)).

quantity: corrective maintainability performance measure
probability that a given corrective maintenance action, performed under stated conditions and using specified procedures and ressources, can be completed within the time interval

(t_1, t_2) given that the action started at $t = 0$. This probability is given by a value. (in Anlehnung an [5] (191-47-01) und (191-46-06)). ☐

Definition 5.4 (*active corr. maintainability, ~ perf. und ~ perf. measure*)

property: active corrective maintainability
ability to be restored to a state as required after fault detection, administrative and logistic delay and under given conditions of use and maintenance (in Anlehnung an [5] (191-41-31) und (191-47-10)).

characteristic: active corrective maintainability performance
defines the ability to be restored to a state as required after fault detection, administrative and logistic delay and under given conditions of use and maintenance, by a function that relates its parameters (in Anlehnung an [5] (191-41-31) und (191-47-10)).

quantity: active corrective maintainability performance measure
probability that a given active corrective maintenance action, performed under stated conditions and using specified procedures and ressources, can be completed within the time interval (t_1, t_2) given that the action started at $t = 0$. This probability is given by a value (in Anlehnung an [5] (191-47-01) und (191-47-10)). ☐

Folgerung 5.1 (Inklusionsbeziehungen von Instandhaltungszeiten)
Aus Abb. 5.2 sind folgende Inklusionsbeziehungen zwischen Zeitdauern innerhalb der „time to restoration" ersichtlich:

$$repair\ time \subseteq active\ corrective\ maintenance\ time$$
$$\subseteq corrective\ maintenance\ time$$
$$\subseteq time\ to\ restoration$$

Wichtig ist hierbei, dass *restoration* zwar als Ereignis definiert ist, die *time to restoration* jedoch die Zeitdauern wie in Abb. 5.2 dargestellt, umfasst (siehe auch Definition 5.5).

Bemerkung 5.2 (Zeitdauern und Zustände im Kontext der *restoration*)
Im Folgenden werden die in Folgerung 5.1 betrachteten Zeitdauern (Definition 5.5) und die ihnen zugeordneten Zustände (Definition 5.6) definiert. Anschließend werden Gleichheitsbeziehungen zwischen Instandhaltungszeiten identifiziert (siehe Folgerung 5.2), die noch fehlenden Zeiten (Definition 5.7) und die ihnen zugeordneten Zustände (Definition 5.8) definiert. Auf dieser Basis folgt als Ergebnis eine erweiterte Relationierung von Zeiten mit entsprechenden Zuständen in Abb. 5.5.

Definition 5.5 (Zeitdauern innerhalb der *restoration time*)

repair time
part of active corrective maintenance time to complete repair action (aus [5] (191-47-19)).

active corrective maintainance time
part of the corrective maintenance time taken to perform a corrective maintenance action (in Anlehnung an [5] (191-47-10)).

corrective maintainance time
part of the maintenance time taken to perform corrective maintenance, including technical delays and logistic delays inherent in corrective maintenance (aus [5] (191-47-07)).

restoration time
time intervall, from the instant of failure, until restoration (in Anlehnung an [5] (191-47-06)).   □

Erläuterung 5.1 (zu Definition 5.5)
Die Zeitangaben in Definition 5.5 beziehen sich jeweils auf Zustände bzw. Zustandsmengen – sie beziehen sich nicht auf Zustandsübergänge. Zustandsübergänge werden in dieser Arbeit als grundsätzlich zeitlos angenommen und in Petrinetzen durch Transitionen modelliert (vgl. auch Abb. 5.6).

Definition 5.6 (Zustände innerhalb der *restoration time*)

repair state
any state reached during repair time (in Anlehnung an [5] (191-47-19)).

active corrective maintainance state
any state reached during active corrective maintenance time (in Anlehnung an [5] (191-47-10)).

corrective maintainance state
any state reached during corrective maintenance time (in Anlehnung an [5] (191-47-07)).

restoration state
any state reached during restoration time (in Anlehnung an [5] (191-47-06)).   □

Folgerung 5.2 (Gleichheitsbeziehungen von Instandhaltungszeiten)
Aus Abb. 5.2 sind folgende Gleichheitsbeziehungen zwischen Zeitdauern innerhalb der *time to restoration* ersichtlich:

$$technical\ delay = (act.\ correct.\ maint.\ time) - (repair\ time)$$

$$logistic\ delay = (corr.\ maint.\ time) - (act.\ corr.\ maint.\ time)$$

$$fault\ detect.\ time + admin.\ delay = (time\ to\ restoration) - (correct.\ maint.\ time)$$

Definition 5.7 (weitere Zeitdauern innerhalb der *restoration time*)
technical delay
delay incurred in performing auxiliary technical actions associated with the maintenance action (in Anlehnung an [5] (191-47-15)).

logistic delay
delay, excluding administrative delay, incurred for the provision of resources needed for a
maintenance action to perform or continue (aus [5] (191-47-13)).

fault detection time
time interval between failure and detection of the resulting fault (aus [5] (191-47-11)).

administrative delay
delay to maintenance action incurred for administrative reasons (aus [5] (191-47-12)).

corrective maintenance preparation time
time interval covering fault detection time and administrative delay.   □

Erläuterung 5.2 (zu Definition 5.7)
Die Zeitangaben in Definition 5.7 beziehen sich wieder jeweils auf Zustände – sie beziehen sich nicht auf Zustandsübergänge (vgl. auch Abb. 5.4 und 5.6).

Da weder *fault detection time* noch *administrativ delay* innerhalb der *maintenance time*
liegen, gilt:

$$time\ to\ restoration = maintenance\ time + corr.\ maint.\ preparation\ time.$$

Bemerkung 5.3 (Diagnose und *fault detection time*)
Die (Zeit der) Fehlerdiagnose wird in [5] nicht definiert. Die Definition der *fault detection
time* in Definition 5.7 impliziert jedoch, dass Fehlerdiagnose innerhalb des *logistic delays*
stattfindet.

Wird vorausgesetzt, dass sich die Eigenschaft *maintainability* (Instandhaltbarkeit) ausschließlich auf die *maintenance time* bezieht und alles außerhalb dieser Zeit außer Acht
lässt, dann bleibt die Instandhaltbarkeit von der Fähigkeit Fehler zu erkennen (*fault detection*) und der Fähigkeit entsprechende Genehmigungen zu erlangen (*administrative delay*)
unbeeinflusst.

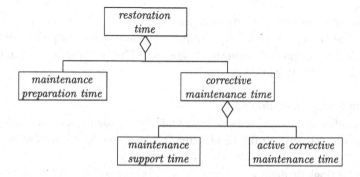

Abb. 5.4 Die zur *time to restoration* gehörenden Zeitintervalle

Definition 5.8 (weitere Zustände innerhalb der *restoration time*)

technical delay state
any state reached during technical delay (in Anlehnung an [5] (191-47-15)).

logistic delay state
any state reached during logistic delay (in Anlehnung an [5] (191-47-13)).

adminstrative delay state
any state reached during administrativ delay (in Anlehnung an [5] (191-47-12)).

corrective maintenance preparation state
any state reached during maintenance preparation time.   □

Folgerung 5.3 (Instandhaltungszeiten und -zustände)
Abbildung 5.5 stellt eine erweiterte Relationierung von Zeiten im Kontext der Instandhaltung mit entsprechenden Zustandsangaben dar. Augenscheinlich ist, dass *fault detection time* und *administrative delay* lediglich im Rahmen der *corrective maintenance time* definiert werden.

Bemerkung 5.4 (Ressourcen im Instandhaltungskontext in [5])
Im Kontext der Instandhaltung werden Ressourcen als *maintenance support* bezeichnet [5] (191-41-32). Die Effektivität Ressourcen zur Verfügung stellen wird dort als *maintenance support performance (of an organization)* [5] (191-41-33) bezeichnet. Der logistische Zeitverzug zur Bereitstellung von Instandhaltungsressourcen wird in Definition 5.7 als *logistic delay* definiert. In Definition 5.9 werden diese Bezeichnungen intensional strukturiert.

Definition 5.9 (*maintainability support, ~ performance, ~ performance measure*)

characteristic: maintain. support performance
defines the ability of an organisation to provide maintenance support, by a function that relates its parameters (in Anlehnung an [5] (191-41-33)).

quantity: maintain. support performance measure
probability that an organisation is able to provide maintenance support within the time interval (t_1, t_2) given that the action started at $t = 0$. This probability is given by a value (in Anlehnung an [5] (191-41-33)).   □

Bemerkung 5.5 (zu Definition 5.9)
Auf die Definition einer „maintenance support*ability*" wurde in Definition 5.9 verzichtet. Der entsprechende Begriff ist für die weiteren Inhalte dieser Arbeit nicht relevant.

Folgerung 5.4 (logistic delay)
Durch die Definitionen für *logistic delay* und *maintainability support performance* in den Definitionen 5.7 bzw. 5.9 gilt:

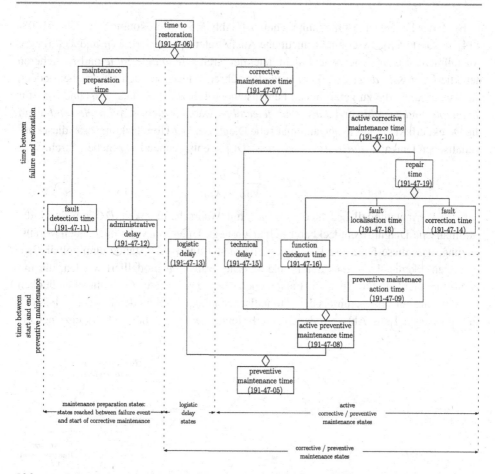

Abb. 5.5   Relationierung präventiver und korrektiver Instandhaltungszeiten und -zustände

Der *logistic delay* ist die konkrete Zeitdauer einer bestimmten Bereitstellung von Ressourcen *maintenance support provision*. Demgegenüber beschreibt *maintenance support performance* die Bereitstellungseffektivität einer Organisation funktional und i. A. stochastisch.

Bemerkung 5.6 (zum *Verhalten einer Komponente in Hinblick auf Maintainability*)
Abbildung 5.6 spezifiziert das Verhalten einer Komponente *comp* die im *fault state* in einem der drei Zustände *corrective maintenance preparation*, *providing maintenance support* oder *active corrective maintenance* ist. Hierbei ist anzumerken, dass *corrective maintenance preparation* kein spezifischer *corrective maintenance*-Zustand ist, sondern als aggregierter Zustand die Zustände einer etwaigen Fehlzustandserkennung *fault detection state*, den *administrateiv delay state* und den *fault detected and ready to start corrective maintenance*-Zustand umfasst (vgl. auch Abb. 5.5).

Bzgl. der Fehlzustandserkennung lehnt sich Abb. 5.5 an der Notation der IEC 61508-4 [4] an: Dort werden vier unterschiedliche Ausfallraten spezifiziert: λ_{SU} und λ_{SD} für die Ausfallraten, die zu sicheren und nicht detektierbaren *safe undetectable* und zu sicheren detektierbaren *safe detectable* Fehlzuständen führen. Meist, so auch hier, stehen jedoch die Ausfallraten, die zu gefährlichen Fehlzuständen führen, im Fokus: λ_{DU} und λ_{DD} für *dangerous undetectable* und *dangerous detectable*. Dabei bezieht sich *(un)detectable* auf die Detektierbarkeit durch eine automatische Diagnose. Der Überdeckungsgrad dieser automatischen Diagnose *diagnostic coverage – DC* ist entsprechend angegeben durch:

$$DC = \frac{\lambda_{DD}}{\lambda_{DD} + \lambda_{DU}}$$

Für das Petrinetzmodell bedeutet dies, dass mit Wahrscheinlichkeit DC ein durch die automatische Diagnose entdeckbarer Fehler vorliegt. Unter der vereinfachenden Voraussetzung, dass diese Diagnose kontinuierlich arbeitet und Fehlzustände unmittelbar nach Auftreten erkennt, kann dies durch eine kausale Transition modelliert werden, die mit Wahrscheinlichkeit DC schaltet. Entsprechend fällt das System mit Wahrscheinlichkeit $1 - DC$ aufgrund eines, mittels der automatischen Diagnose nicht detektierbaren Fehlers, aus. Im Beispiel aus Abb. 5.6 dauert das Erkennen eines solchen Fehlers eine negativ

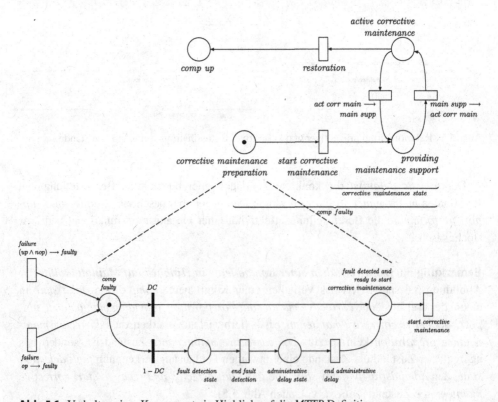

Abb. 5.6 Verhalten einer Komponente in Hinblick auf die *MTTR* Definition

exponentialverteilte Zeitdauer (modelliert durch die Transition *end fault detection* im Nachbereich der Stelle *fault detection state*). Schließlich findet noch eine administrative Verzögerung statt. Diese wird, wie die Fehlzustandserkennung, nicht zur eigentlichen maintenance time zugerechnet.

In Abb. 5.6 ist weiter spezifiziert, dass der Übergang in den *comp up*-Zustand lediglich aus dem Zustand *active corrective maintenance* möglich ist.

5.1.2 Formalisierung durch terminologisch-strukturelle Beschreibung

Analog zu den entsprechenden Definitionen im Kontext der Überlebensfähigkeit kann auch im Kontext der *Instandhaltbarkeit* die Eigenschaft (*property*), von entsprechenden Merkmalen (*performances*, bspw. *Instandsetzungsdurchführbarkeitswahrscheinlichkeitsfunktion*, engl. *active (corrective) maintenance function* F_{ac}) unterschieden und terminologisch präzisiert werden. Im Einklang mit Definition 3.12 zur intensionalen Attributhierarchie (vgl. auch Abb. 3.11) können Konzepte im Kontext der Instandhaltbarkeit in den Abb. 5.7 und 5.8 in Beziehung gesetzt werden.

Abbildung 5.7 stellt zunächst die Eigenschaften- und Merkmalsebene der Instandhaltbarkeit dar. Hier wird *Instandhaltbarkeit* zunächst grundsätzlich in die beiden abstrakten, nicht objektiv messbaren Eigenschaften *korrektive* und *präventive Instandhaltbarkeit*, unterteilt. Auf Merkmalsebene werden für die (abstrakte) korrektive Instandhaltbarkeit entsprechende Charakterisierungen aufgeführt, bspw. die *Instandsetzungsbereitschaftswahrscheinlichkeit*. Zu beachten ist wieder, dass es sich hierbei um abstrakte Merkmale handelt. Erst die entsprechend generischen Merkmale geben den Typ der Ausprägung durch entsprechende Funktionsdefinitionen an (hier exemplarisch die negative Exponentialfunktion). Dabei sind die Instandsetzungsdurchführbarkeitswahrscheinlichkeitsverteilung und -dichtefunktion als äquivalent im Informationsgehalt zu betrachten.

Abbildung 5.8 zeigt die Relationen aller vier Hierarchieebenen: Merkmalen sind Größen zugeordnet. Analog zur Merkmalsebene spezifizieren generischen Größen den Typ der Ausprägung abstrakter Größen. Diese können schließlich durch entsprechende Werte und Einheiten substituiert werden.

Erläuterung 5.3 (zu den Abb. 5.7 und 5.8)
In den Abb. 5.7 und 5.8 sind *active corrective maintainability performance* (siehe Definition 5.4) und *corrective maintainabilty support performance* (siehe Definition 5.9) wie folgt übersetzt:

corrective maintainability support performance als

Instandsetzungsbereitschaftswsksfunktion

und

active corrective maintainability performance als

Instandsetzungsdurchführbarkeitswsksfunktion.

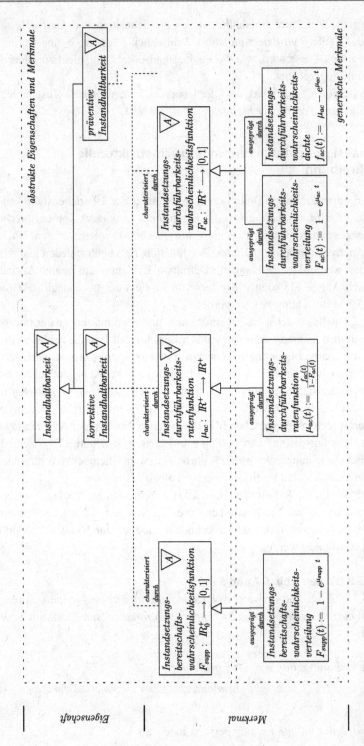

Abb. 5.7 Instandhaltbarkeit: Eigenschafts- und Merkmalsebene

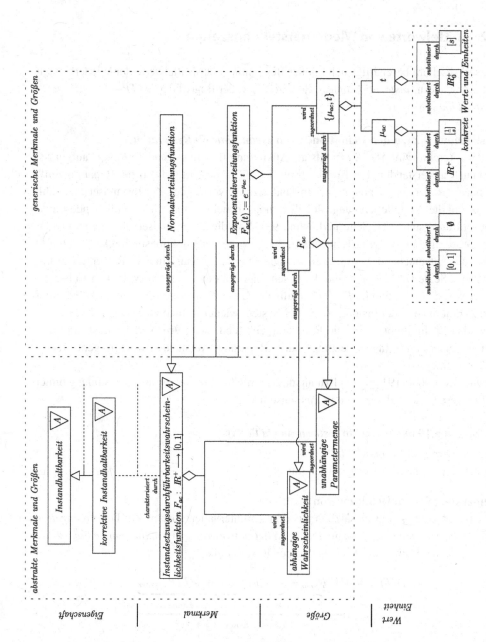

Abb. 5.8 Instandhaltbarkeit: Terminologisch-strukturelle Beschreibung

Dabei steht die Abkürzung „wsk" innerhalb der deutschen Übersetzungen für „wahr-scheinlichkeit".

5.2 Mittelwerte von Wiederherstellungszeiten

Dieser Abschnitt beschäftigt sich mit der Bestimmung der Mittelwerte der Wiederherstel-lungszeitdauern (*restoration times*). So wird bspw. der Begriff der *MTTR – Mean Time To Restoration* präzisiert.

Feststellung 5.2 (zu den Definitionen von *Mean Time To Restoration*)
In der Literatur wird *MTTR* oftmals als Abkürzung für *Mean Time To Repair* aufgefasst und auch so verstanden. Für Birolini bspw. ist *MTTR* der „Mittelwert der Reparaturzeit", wobei er „Reparatur" synonym für „Instandsetzung" verwendet. Zur Instandsetzung zählt er sowohl die Ausfallerkennung, -lokalisierung, -behebung und die abschließende Funk-tionsprüfung (siehe [1], Seite und 7 und 93). Von dieser Instandsetzung grenzt er klar die „Wartung" ab, die zur „Kontrolle und Erhaltung der Funktionstüchtigkeit" definiert wird; den entsprechenden Mittelwert bezeichnet er als „Mean Time To Preventive Main-tenance". Seine Definitionen sind damit sehr nahe an denen aus [5] (vgl. auch Abb. 5.5). Börcsök spezifiziert durch *MTTR* ebenfalls die *Mean Time To Repair* und fasst hierunter den Zeitraum auf, „der benötigt wird, das System wieder instand zu setzen"([2], Seite 8), bzw. den „Zeitmittelwert für die Reparaturzeit" (ebd. Seite 96). Welche Zustände bzw. Zeiten genau unter „Instandsetzung" oder „Reparatur" verstanden werden, geht hieraus leider nicht hervor.

Die IEC 60050-191 gibt explizit an, dass *Mean Time To Repair* als Bezeichnung hinter *MTTR* veraltet sei („deprecated in this sense") [5].

Definition 5.10 (*mean time to restoration (MTTR)*)
mean time to restoration (MTTR)
expectation of the time to restoration (aus [5]).   □

Bemerkung 5.7 (zu Definition von 5.10)
Die *MTTR* setzt sich grundsätzlich aus drei Zeitintervallen zusammen: Der *preparation time to maintenance*, des *logistic delay* und der *active corrective maintenance time*, siehe auch Abb. 5.5. Damit ergibt sich das folgende Verhältnis:

$$MTTR = MTTR_{prep} + \underbrace{\underbrace{MTTR_{log\ delay} + MTTR_{act\ corr}}_{Mean\ Time\ To\ Corrective\ Maintenance}}_{Mean\ Time\ To\ Restoration} \cdot$$

Dabei seien $MTTR_{prep}$, $MTTR_{log\ delay}$ und $MTTR_{act\ corr}$ die entsprechenden Mittelwerte der *maintenance preparation time*, des *logistic delay* und der *active corrective maintenance time*.

Festzuhalten bleibt hier, dass die *preparation time to maintenance* nicht zur *maintenance time* gezählt wird (wie auch aus den Abb. 5.5 hervorgeht).

Feststellung 5.3 (mathematische Zusammenhänge nach Definition 5.10)
Analog zur *MTTF* ergeben sich für die *MTTR* nach Definition 5.10 und mit den in der Zeitleiste aus Abb. 5.9 gewählten Bezeichnungen direkt folgende mathematische Zusammenhänge:

Die *faulty*-Zeiten zwischen zwei beliebigen, jedoch benachbarten *restoration*-Ereignissen *time to restoration* (*TTR*) ergeben sich durch:

$$TTR = T_i - T_{i-1}. \quad \forall i: \ Ev(T_i) = restoration.$$

Der Erwartungswert der *TTR* wird entsprechend als *mean time to restoration* (*MTTR*) bezeichnet:

$$MTTR = E(T_i - T_{i-i}) \ = \ \frac{\sum_{\{j\,|\, Ev(T_j)=restoration\}} T_j - T_{j-1}}{|\{j\,|\, Ev(T_j) = restoration\}|}.$$

Die *active corrective maintenance time (to restoration)* (*ATTR*) lässt sich wie folgt bestimmen:

$$ATTR = \sum_{\{j\,|\, Ev(T_j)=restoration\},k=1}^{k=n_{j-1}} t_{(j-1,k')} - t_{(j-1,k)}$$

Schließlich berechnet sich die *mean active corrective maintenance time (to restoration)* (*MATTR*) durch:

$$MATTR = E \left(\sum_{\{j\,|\, Ev(T_j)=restoration\},k=1}^{k=n_{j-1}} t_{(j-1,k')} - t_{(j-1,k)} \right)$$

$$= \frac{\sum_{\{j\,|\, Ev(T_j)=restoration\},k=1}^{k=n_{j-1}} t_{(j-1,k')} - t_{(j-1,k)}}{n}.$$

Bemerkung 5.8 (zu Abb. 5.9)
Die Zeitdauer, die ein Fehler auf Eintreten eines Fehlerereignisses unerkannt im System verweilt, ist in dieser Abbildung nicht explizit ausgewiesen. Diese *Diagnose*zeitdauer ist Teil der *maintenance preparation time* (vgl. auch Bemerkung 5.3). Spezifische Zeitdauern im Hinblick auf die Diagnose werden in der IEC 61508 sehr ausgiebig betrachtet; hierzu sei insbesondere der 4. Teil empfohlen [3].

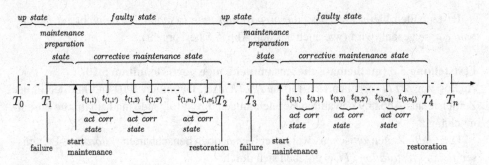

Abb. 5.9 Relevante Zustände und Ereignisse in Bezug auf die *MTTR*-Bestimmung

Literatur

1. Alessandro Birolini. *Zuverlässigkeit von Geräten und Systemen.* Springer, Berlin, 1997.

2. Josef Börcsök. *Elektronische Sicherheitssysteme – Hardwarekonzepte, Modelle und Berechnung.* Hüthig Verlag Heidelberg, 2007.

3. DIN-EN-61508(4). *DIN EN 61508-4 (VDE 0803 Teil 4), Funktionale Sicherheit sicherheitsbe-zogener elektrischer/elektronischer/programmierbarer elektronischer Systeme – Teil 4: Begriffe und Abkürzungen (IEC 61508-4:1998 + Corrigendum 1999); Deutsche Fassung EN 61508-4:2001.* Deutsches Insitut für Normung, 2002.

4. DIN-EN-61508(4). *DIN EN 61508-4 (VDE 0803 Teil 4), Funktionale Sicherheit sicherheitsbe-zogener elektrischer/elektronischer/programmierbarer elektronischer Systeme – Teil 4: Begriffe und Abkürzungen (IEC 61508-4:1998 + Corrigendum 1999); Deutsche Fassung EN 61508-4:2001.* Deutsches Insitut für Normung, 2010.

5. IEC-60050-191. *IEC 60050-191 – Ed.2.0, International Elektrotechnical Vocabulary (CDV).* International Electrotechnical Commission, 2011.

Formalisierung der Verfügbarkeit als Systemeigenschaft

Die Verfügbarkeit von Systemen ist eine von der Überlebensfähigkeit und Instandhaltbarkeit abhängige Systemeigenschaft. Diese Abängigkeit wird insbesondere durdurch die funktionale Betrachtung der mittleren Verfügbarkeit auf Merkmalsebene anschaulich. Weiter wird wieder durch Formalisieren und Ausarbeiten der Binnenstruktur das entsprechende Terminologiegebäude präzisiert.

Darüber hinaus stellen die zur simulativen Bestimmung der Verfügbarkeit präsentierten Petrinetz-Modelle Erweiterungen der entsprechenden Modelle zur Bestimmung der Überlebenswahrscheinlichkeit dar (siehe Abschn. 6.2).

6.1 Formalisierung der Verfügbarkeit

6.1.1 Formalisierung durch Relationierung

Nachdem in den vorangegangenen Kapiteln die Überlebensfähigkeit und Instandhaltbarkeit erläutert wurden, beschäftigt sich dieses Kapitel mit der Verfügbarkeit (engl. *availability*). Es wird sich herausstellen, dass auf Ebene der Merkmale, wie oben angedeutet, die Verfügbarkeitswahrscheinlichkeitsfunktion von der Überlebens- und Instandhaltbarkeitswahrscheinlichkeitsfunktion und auf Größenebene entsprechend die Verfügbarkeitswahrscheinlichkeit von der Überlebenswahrscheinlichkeit und der Instandhaltbarkeitswahrscheinlichkeit abhängt.

Zunächst wird die Verfügbarkeit jedoch allgemein definitorisch eingeführt. So definiert bspw. Birolini die Verfügbarkeit bzw. Punkt-Verfügbarkeit als Größe die

> „Wahrscheinlichkeit, daß eine Betrachtungseinheit zu einem gegebenen Zeitpunkt die geforderte Funktion unter vorgegebenen Arbeitsbedingungen ausführt." (siehe [1] S. 249)

Oftmals wird dabei, so auch dort, Dauerbetrieb vorausgesetzt. Es besteht unter dieser Voraussetzung ein ständiger Wechsel zwischen Arbeits- und Reparaturzustand.

© Springer-Verlag Berlin Heidelberg 2015
J.R. Müller, *Die Formalisierte Terminologie der Verlässlichkeit Technischer Systeme*,
DOI 10.1007/978-3-662-46922-4_6

Feststellung 6.1 (zu den Verfügbarkeitsdefinitionen)
Beim Sichten der einschlägigen Literatur ist festzustellen, dass die Verfügbarkeitsdefinitionen alle sehr ähnlich sind und denen von Birolini gleichen. Die terminologische Unschärfe kann jedoch im Rahmen der Basis solcher Definitionen und der Anwendung dieser bei der quantitativen Bestimmung der Verfügbarkeit entstehen: Wird sie natürlichsprachig wie oben eingeführt und mathematisch durch die Größe $A = \frac{MTTF}{MTTF+MTTR}$ präzisiert, so muss, um Konsistenz zu gewährleisten, die *MTTF* auch als *mean operating time to failure* und nicht als *mean up time to failure* definiert sein. Oftmals werden in diesem Kontext Voraussetzungen derart getroffen, dass $MUTTF = MTTF$ erfüllt ist.

Bemerkung 6.1 (zu Availability-Definitionen)
In [3] ist *availability* als Eigenschaft allgemein definiert – siehe folgende Definition 6.1. Darüber hinaus werden *instantaneous availability*, *mean availability* und *steady state availability* eingeführt. Es ist jedoch nicht eindeutig, ob dies auf Merkmals- (*performance*) oder Größenebene (*performance measure* – probabiliy) geschieht: Sie werden als „probability" definiert, jedoch symbolisch als Funktionen eingeführt. Im der folgenden Definition 6.1 wird zunächst die Verfügbarkeit als Eigenschaft und allgemeines Merkmal definiert. Anschließend werden die oben eingeführten Merkmale und Größen hinsichtlich ihrer intensionalen Hierarchie definiert und vervollständigt (Definitionen 6.2 und 6.3). .

Definition 6.1 (*availability und ~ performance*)

property: availability
ability to be in a state to perform as required (in Anlehnung an [3] (191-41-27).

characteristic: availability performance
defines the ability to be in a state to perform as required, by a function that relates its parameters (in Anlehnung an [3] (191-41-27). □

Definition 6.2 (*availability performances*)

characteristic: instantaneous availability performance
defines the ability that an item is in a state to perform as required at a given instant [of time], by a function that relates its parameters (in Anlehnung an [3] (191-48-01)).

characteristic: mean availability performance
defines the avarage value of the instantaneous availability over a given time interval (t_1, t_2), by a function that relates its parameters (in Anlehnung an [3] (191-48-05)).

characteristic: steady state availability performance
defines the limit, if it exists, of the instantaneous availability when the time tends to infinity, by a function that relates its parameters (in Anlehnung an [3] (191-48-07)). □

Definition 6.3 (*availability performance measures*)

quantity: instantaneous availability performance measure
probability that an item is in a state to perform as required at a given instant [of time] (in Anlehnung an [3] (191-48-01)).

quantity: mean availability performance measure
avarage value of the instantaneous availability over a given time interval (t_1, t_2) (in Anlehnung an [3] (191-48-05)).

quantity: steady state availability performance measure
limit, if it exists, of the instantaneous availability when the time tends to infinity (in Anlehnung an [3] (191-48-07)). □

Bemerkung 6.2 (recoverability)
Neben *reliability*, *maintainability* und *availability* wird in der IEC 60050-191 [3] auch die *recoverability* als Eigenschaft wie in Definition 6.4 eingeführt. *Recoverability* wird weder in der Norm, noch in der gängigen Zuverlässigkeitsliteratur als zentraler Begriff behandelt und wird daher auch in dieser Arbeit nur der Vollständigkeit halber aufgeführt.

Definition 6.4 (*recoverability*)

property: recoverability
ability to recover from a failure, without corrective maintenance (in Anlehnung an [3] (191-41-29)). □

Feststellung 6.2 (Relationierung der *RAM-characteristics*)
Auf Basis der Definition 4.1 zu *reliability*, Definition 5.2 zu *extended maintainability*, obiger Definition 6.1 zu *availability* und schließlich Definition 6.4 zu *recoverability*, können die eingeführten Begriffe wie in Abb. 6.1 relationiert werden.

Feststellung 6.3 (*availability performance measures*)
Die in Definition 6.2 auf Merkmalsebene eingeführten Verfügbarkeitswahrscheinlichkeitsfunktionen können wie in Abb. 6.2 relationiert werden. Hierbei sind die mittlere wie die stationäre Verfügbarkeitsfunktion von der Punktverfügbarkeitsfunktion abhängig.

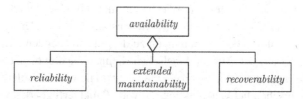

Abb. 6.1 Relationierung der bisher eingeführten *abilities*

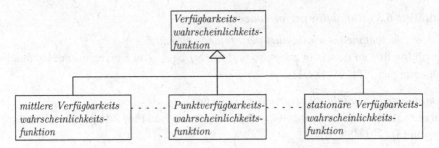

Abb. 6.2 Unterschiedliche Verfügbarkeitswahrscheinlichkeitsfunktionen

Feststellung 6.4 (zu den availability-Definitionen)
Die *availability*-Definitionen aus [3] beziehen sich auf den *up-state* (siehe bspw. [3] (191-42-01), d. h. auf die Fähigkeit eine Funktion zu erfüllen. Im Gegensatz zur Definition von Birolini wird also nicht einschränkend auf einen Arbeitszustand oder entsprechend *operating state* Bezug genommen (vgl. auch Abb. 4.1).

Bemerkung 6.3 (zum *Verhalten einer Komponente im Hinblick auf Verfügbarkeit*)
In Abb. 6.3 ist das mögliche Verhalten einer Komponente in Hinblick auf die *availability* spezifiziert. Bei dieser Abbildung handelt es sich letztlich um die Vereinigung der Abb. 4.2 und 5.6: Bzgl. der entsprechenden *reliability*-Abb. 4.2 ist der *comp faulty state* verfeinert; bzgl. der *maintainability*-Abb. 5.6 wurde der *comp up state* verfeinert.

Anzumerken bleibt, dass, wie in Bemerkung 5.3 bereits ausgeführt, die (Zeit der) Fehlerdiagnose innerhalb des *logistic delays* liegt. Die entsprechenden Zustände sind daher dem aggregierten Zustand *preparation of corrective maintenance* zugeordnet, der sowohl die *fault detection states* als auch die *administrative delay states* umfasst (siehe hierzu Definition 5.8).

6.1.2 Formalisierung durch terminologisch-strukturelle Beschreibung

Wie für die Überlebensfähigkeit und Instandhaltbarkeit werden in Abb. 6.4 auch die Konzepte im Kontext der Verfügbarkeit mittels einer intensionalen Attributhierarchie terminologisch in Beziehung gesetzt. Wie bereits in Abb. 6.1 gezeigt, ist die Verfügbarkeit auf Eigenschaftenebene von der Überlebensfähigkeit und der Instandhaltbarkeit abhängig; die terminologischen Beziehungen zu den entsprechenden Attributhierarchien werden in Abb. 6.5 skizziert. Auf Merkmalsebene können die drei oben definierten und in der Praxis häufig angewendeten Wahrscheinlichkeitsfunktionen (mittlere und stationäre Verfügbarkeitswahrscheinlichkeitsfunktion, sowie Punktverfügbarkeitswahrscheinlich-

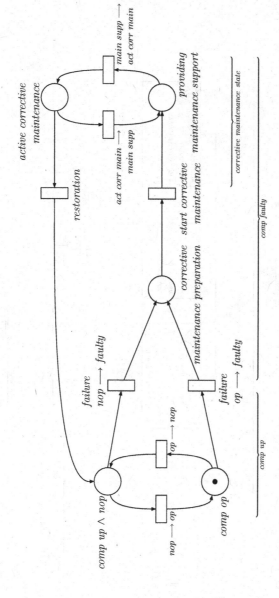

Abb. 6.3 Verhalten einer Komponente in Hinblick auf die *availability*-Definition

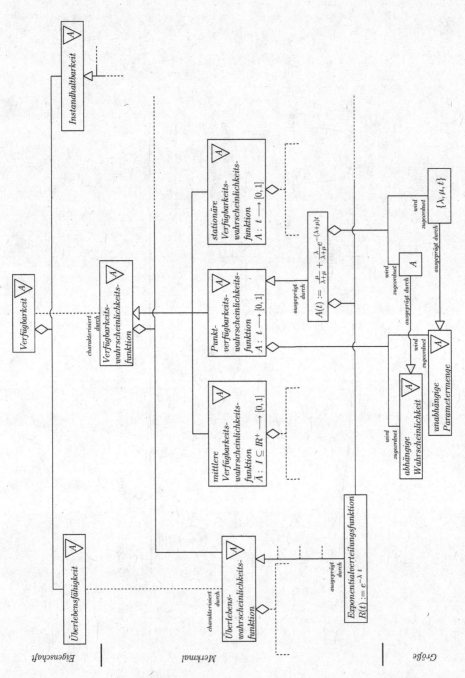

Abb. 6.4 Verfügbarkeit: Terminologisch strukturelle Beschreibung

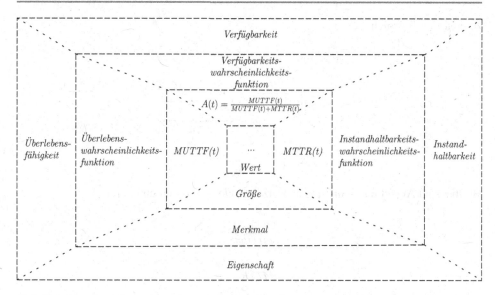

Abb. 6.5 Integrierte Darstellung der terminologischen Beschreibungen

keitsfunktion) unterschieden werden. Diese abstrakten Merkmale charakterisieren die ebenfalls abstrakte Eigenschaft *Verfügbarkeit*. In dieser Abbildung wurde lediglich die Punktverfügbarkeitswahrscheinlichkeitsfunktion durch das entprechende generische Merkmal typisiert.

Schließlich werden auf Größenebene wieder abstrakte von generischen Größen unterschieden – Letztere sind wieder Ausprägungen Ersterer und geben die entsprechenden Typen an.

Bemerkung 6.4 (Zusammenfassung der terminologischen Beschreibungen)
In Abb. 6.5 werden die bis hierher eingeführten zentralen Konzepte „Überlebensfähigkeit", „Instandhaltbarkeit" und „Verfügbarkeit" zusammenfassend dargestellt. Es handelt sich dabei um eine Vereinfachung der terminologisch-strukturellen Beschreibungen dieses und der vorangegangenen Kapitel.

6.2 Die stationäre Verfügbarkeit

Am Beispiel negativ exponentialverteilter Zustandsdauern wird im Folgenden der Bezug der *mean up time to failure* und der *mean time to restoration* zur Verfügbarkeit skizziert. Aus der Definition der Punktwahrscheinlichkeit $A(t)$ ergibt sich unter diesen Voraussetzungen zum Beispiel:

$$A = \lim_{t \to \infty} A(t)$$

$$= \lim_{t \to \infty} \frac{\mu}{\lambda + \mu} + \underbrace{\frac{\lambda}{\lambda + \mu} \underbrace{e^{-(\lambda+\mu)t}}_{=0}}_{=0}$$

$$= \frac{\mu}{\lambda + \mu}.$$

Hierbei sind Ausfallrate λ und Instandsetzungsrate μ konstant und durch

$$\lambda = \frac{1}{MUTTF} \quad \text{und}$$
$$\mu = \frac{1}{MTTR}$$

entsprechend definiert. Dadurch ergibt sich direkt der für die stationäre Verfügbarkeit bekannte Bezug:

$$A = \frac{\frac{1}{MTTR}}{\frac{1}{MUTTF} + \frac{1}{MTTR}}$$

$$= \frac{MUTTF}{MUTTF + MTTR}.$$

Zu beachten ist hierbei, dass die stationäre Verfügbarkeit von der mittleren *up time to failure* und der mittleren *restoration time* abhängt und eben nicht von der mittleren *operating time* bzw. von der mittleren *repair time*.

6.3   Strukturelle Beeinflussung der Verfügbarkeit

In diesem Abschnitt werden exemplarisch die Serienstruktur und die heiße Parallelstruktur als grundlegende Strukturen betrachtet, durch die i. A. die Verfügbarkeit eines Systems beeinflusst wird. Dabei werden ausschließlich *internally disabled* Zustände auf Grund von Ausfallereignissen berücksichtigt.

Es ist in Abb. 6.6 direkt zu erkennen, dass es bei den Erweiterungen der entsprechenden Systemstrukturen um solche der *restoration*-Möglichkeiten sowohl auf Komponenten- als auch auf Systemebene handelt (vgl. Abb. 4.7 und 4.10).

Im Hinblick auf Definition 3.4 in Abschn. 3.2.2.2 gilt für die beiden Petrinetze in den Abb. 6.6 und 6.8, dass die Komponenten $comp_i$ ($i = 1, \ldots, 3$) das Gesamtsystem beeinflussen: Die Verfügbarkeit des Gesamtsystems ist damit eine emergente Eigenschaft des Systems S, die durch die Abhängigkeit von den Verhalten der Komponenten $comp_i$ ($i = 1, \ldots, 3$) begründet wird.

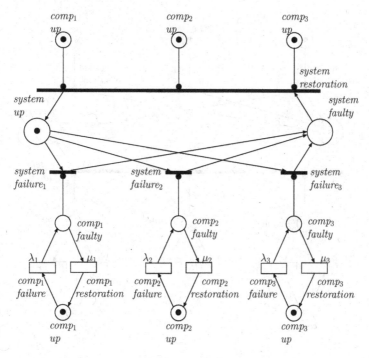

Abb. 6.6 Petrinetz einer 3oo3-Verfügbarkeits-Serienstruktur

6.3.1 Serienstruktur

Für die Serienstruktur ergibt sich für ein 3oo3-System das in Abb. 6.6 dargestellte Petrinetzmodell. Der entsprechende Erreichbarkeitsgraph ist in Abb. 6.7 aufgeführt. Die Zustände $comp_i$ *up* sind jeweils als *Fusionsplätze* modelliert: Es handelt sich dabei um identische lokale Zustände, die jedoch mehrfach (hier: zweifach) im Netz zur besseren

Abb. 6.7 Erreichbarkeitsgraph einer 3oo3-Verfügbarkeits-Serienstruktur; $c_i = comp_i$ *up* und $\bar{c}_i = comp_i\,faulty$

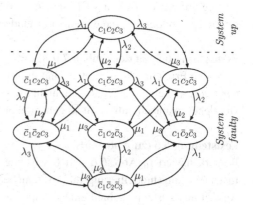

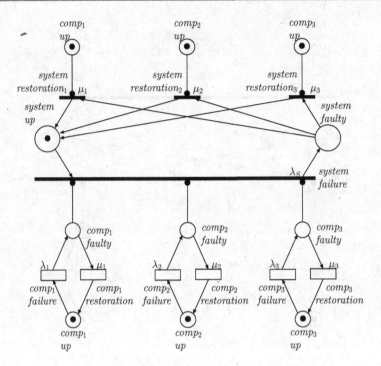

Abb. 6.8 Petrinetz einer $1oo3$ Verfügbarkeitsstruktur (heiße Redundanz)

Darstellung repräsentiert werden. Bei Fusionsplätzen handelt es sich also nicht um eine Erweiterung der Sprachmächtigkeit von Petrinetzen, sondern lediglich um eine Erweiterung der Darstellungsform.

6.3.2 Parallele Redundanzstruktur

Analog zur Serienstruktur ist in den Abb. 6.8 und 6.9 eine $1oo3$ Struktur einer heißen Redundanz modelliert und der entsprechende Erreichbarkeitsgraph dargestellt.

Bemerkung 6.5 (zu den Abb. 6.7 und 6.9)
In beiden Erreichbarkeitsgraphen sind die Zustände auf Systemebene *system up* und *system faulty* als reine Aggregationen nicht explizit modelliert. Dies wurde auch im Falle der Überlebenswahrscheinlichkeit so gehandhabt (siehe Abb. 4.7 und 4.10).

Feststellung 6.5 (zu Abb. 6.6)
Bemerkenswert in Abb. 6.6 und 6.8 ist die strukturelle Dualität der Ausfall- und der Instandsetzungsmodellierung auf Systemebene: Bei der Serienstruktur kommt es zum Ausfall des Systems, sobald eine Komponente ausgefallen ist. Bei dieser Struktur kann

Abb. 6.9 Erreichbarkeitsgraph einer $1oo3$ Verfügbarkeitsstruktur; $c_i = comp_i\ up$ und $\bar{c}_i = comp_i\ faulty$

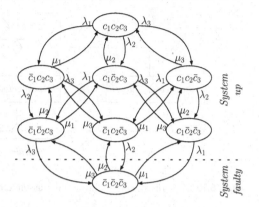

ein System (wieder) instandgesetzt werden, falls alle Komponenten im Zustand *up state* sind. Vor dem Hintergrund könnte man auch von einer „$1oo3$-Ausfallstruktur" und einer „$3oo3$-Instandsetzungsstruktur" sprechen.

Bei der parallelen Redundanzstruktur aus Abb. 6.8 verhält es sich dual: Hier könnte man von einer „$3oo3$-Ausfallstruktur" und einer „$1oo3$-Instandsetzungsstruktur" sprechen.

6.4 Die Zuverlässigkeit von Systemen

Mit der Zuverlässigkeit als subsumierender Begriff wird dieses Kapitel abgeschlossen.

Definition 6.5 (Zuverlässigkeit (engl. *Dependability*))

Eigenschaft: Zuverlässigkeit

Zusammenfassende Bezeichnung zur Beschreibung der Verfügbarkeit mit den sie beeinflussenden Eigenschaften Überlebensfähigkeit, Instandhaltbarkeit und Instandhaltungsvorbereitungsfähigkeit (in Anlehnung an die *dependability*-Definitionen aus [2] und [3]).

□

Bemerkung 6.6 (zu Definition 6.5)

In dieser Arbeit wird „Zuverlässigkeit" als zusammenfassender Begriff auf Eigenschaften-Ebene definiert. Diese Definition kann als eine Mixtur aus den beiden *dependability*-Definitionen aus [2] von 1990 und [3] von 2011 betrachtet werden:

Dependability (aus [2], 1990)

the collective term used to describe the availability performance and its influencing factors: reliability performance, maintainability performance and maintainability support performance.

Dependability (aus [3], 2011)

ability to perform as and when required.

□

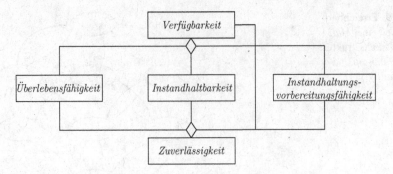

Abb. 6.10 Zuverlässigkeit als Zusammenfassende Bezeichung

Statt der *maintainability support performance* beziehen wir in die Zuverlässigkeits-
Definition die Instandhaltungsvorbereitungsfähigkeit ein (engl. *maintainability preparation*) – diese bezieht sich auf die *fault detection* und den *administrative delay* (siehe
Abb. 5.5). Auf diese Weise schließen wir die kognitive Lücke: Die Instandhaltungs-
vorbereitung ist nicht Teil der Instandhaltung, wohl aber beeinflusst die Instandhaltungsvorbereitungsfähigkeit die Zuverlässigkeit. Abb. 6.10 relationiert die eingeführten
Systemeigenschaften.

Literatur

1. Alessandro Birolini. *Zuverlässigkeit von Geräten und Systemen.* Springer, Berlin, 1997.

2. IEC-60050-191. *IEC 60050-191 – Ed.1.0, International Elektrotechnical Vocabulary.* International Electrotechnical Commission, 12 1990.

3. IEC-60050-191. *IEC 60050-191 – Ed.2.0, International Elektrotechnical Vocabulary (CDV).* International Electrotechnical Commission, 2011.

Formalisierung von Sicherheitsbegriffen im Kontext der technischen Verlässlichkeit

7

Zur Verlässlichkeit von Systemen wird neben der Zuverlässigkeit auch die Sicherheit subsumiert. Auf Basis der Risikodefinition werden die *Sicherheit* und ihr Komplement, die *Gefahr*, als Risikobereiche definiert.

Die Einführung von „potentiell gefährdenden Systemzuständen" mittels Petrinetz-basierter Definitionen ermöglicht es schließlich auch den Begriff des „Hazards" formal zu definieren.

Die erweiterte Betrachtung des Risikobegriffs legt im zweiten Abschnitt die Grundlage, um die *tolerable hazard rate – THR*, also den Ansatz nach Cenelec (siehe bspw. [10]) und die *probability of failure on demand – PFD*, also den Ansatz nach IEC 61508 (siehe bspw. [8]) gegenüberzustellen.

Die Betrachtung von Kontinuitäts- und Sicherheits(integritäts-)anforderungen an einem Fallbeispiel aus der Luftfahrt bilden den Abschluss dieses Kapitels und runden die Inhalte dieser Arbeit insgesamt ab.

7.1 Formalisierung der Verlässlichkeit und ihrer Konstituenten

In diesem Abschnitt werden die wesentlichen Begriffe im Kontext der Verlässlichkeit, insbesondere die Sicherheit, formalisiert. Dabei bezeichnen *Sicherheit* (engl. *safety*) und *Gefahr* die Risikobereiche, die unter bzw. über einem zu spezifizierenden *Grenzrisiko* liegen – vgl. hierzu auch Abb. 7.1. Dort ist dargestellt, dass sich Risiko in eben diese beiden Risikobereiche unterteilen lässt. Darüber hinaus wird in diesem Abschnitt der Begriff der *Gefährdungssituation* formal eingeführt.

Definition 7.1 (*safety, risk, harm*)

safety (Sicherheit)
freedom from unacceptable risk (aus [13]).

© Springer-Verlag Berlin Heidelberg 2015
J.R. Müller, *Die Formalisierte Terminologie der Verlässlichkeit Technischer Systeme*,
DOI 10.1007/978-3-662-46922-4_7

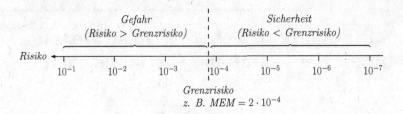

Abb. 7.1 Risiko, Sicherheit und Gefahr in Relation

danger (Gefahr)
complement of safety (aus [13]).

risk
combination of the probability of occurence of harm and the severity of that harm
(aus [13]).

harm
physical injury or damage to the health of people either directly or indirectly as a result of
damage to property or to the environment (aus [13]).

Konvention 7.1 (zur Definition von *Safety* in Definition 7.1)
In dieser Arbeit ist „freedom from unacceptable risk" (zu deutsch: „Freiheit/Abwesenheit
von unakzeptablem Risiko") genau dann gegeben, wenn *Risiko* < *Grenzrisiko* erfüllt ist –
vgl. Abb. 7.1.

Bemerkung 7.1 (zur Definition von *Risk* in Definition 7.1)
Die „Kombination" der Wahrscheinlichkeit (engl. *probability*) des Eintritts eines Schadens
und des Ausmaßes (*severity*) dieses Schadens wird in der Regel als Produkt dieser beiden
Faktoren aufgefasst. Damit ergibt sich mathematisch der folgende Bezug:

$$\text{Risiko} = \text{Schadenswahrscheinlichkeit} \times \text{Schadensausmaß}.$$

Alternativ kann das Risiko anstatt als Wahrscheinlichkeit auch als Risikorate angegeben
werden, indem die Wahrscheinlichkeit oder das Schadensausmaß auf einen Zeitraum (z. B.
1 Jahr) bezogen wird.

Wird mit einheitenlosen Wahrscheinlichkeiten gearbeitet, hängt die Einheit des Ri-
sikos ausschließlich vom in Betracht gezogenen Schadensausmaß ab. Hierbei kann es
sich um Menschenleben, Schwerverletzte, monetäre Einheiten oder Ähnliches handeln.
Insbesondere Menschenleben und Schwerverletzte werden häufig zu einer Größe zusammengefasst, so bspw. in [1] zu „fatalities and weighted serious injuries". Dabei werden Schwerverletzte als 0,1 Tote gewertet. Über die genaue Definition von „Toten" und
„Schwerverletzten" lässt sich dennoch streiten. Insbesondere die Definition des Todes ist

aktuell (im April 2012) Gegenstand gesellschaftlicher Diskussionen bspw. im Zusammenhang mit der Definition des Hirntodes und der Frage ob „Hirntod" mit „biologischem Tod" gleichzusetzen ist, denn „ohne Hirntod gäbe es keine Organtransplantation und keine Transplantationsmedizin." (aus [16], S. 41 f.).

Definition 7.2 (*Verlässlichkeit*)

Verlässlichkeit
Zusammenfassende Bezeichnung zur Beschreibung der Zuverlässigkeit und der Sicherheit (vgl. Definition „Zuverlässigkeit" 6.5). ☐

Feststellung 7.1 (zur Definition von „Verlässlichkeit")
Die Zuverlässigkeits-Definition (Definition 6.5) und Verlässlichkeits-Definition (Definition 7.2) lassen sich vereinfacht darstellen als

$$Zuverlässigkeit := RAM \quad \text{und}$$
$$Verlässlichkeit := RAMS.$$

Die Vereinfachung liegt dabei in der Missachtung der *maintenance preparation*, die durch beide Konzepte subsumiert wird, siehe Abb. 7.2.

Bemerkung 7.2 (zur Definition von „hazard" und „danger")
Im verbleibenden Rest dieses Abschnitts wird die Definition von *hazard* als einen *gefährdenden Zustand* erarbeitet. Dies geschieht Anhand eines Petrinetzmodells, das die Zustände von und die Relationen zwischen einem abstrakten System und „seiner" Umgebung modelliert. *Gefährdende Zustände* werden auf Basis der formalen Definitionen von *Gefährdungssituationen* und *potentiell gefährdenden Zuständen* definiert.

Dieses Vorgehen ist durch die Ungenauigkeit und damit Interpretierbarkeit der anerkannten *hazard*-Definitionen begründet (also die große Wahrscheinlichkeit des Auftretens von Ambiguitäten) – dies offenbart ein Blick auf die Definitionen aus [11] und [13]:

hazard
a condition that could lead to an accident (aus [11]).

hazard, threat, danger
potential source of harm (aus [13]). ☐

Abb. 7.2 Verlässlichkeit subsumiert Zuverlässigkeit und Sicherheit

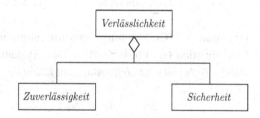

Bemerkung 7.3 (zu den Definitionen von *hazard und hazardous situation*)
An dieser Stelle werden die Definition von *hazard* und *hazardous situation* als zentrales Ergebnis dieses Abschnitts vorweggenommen, um die Bezeichungen *hazard* (zu deutsch *Gefahr*) und *hazardous situation* (zu deutsch *Gefährdungssituation*) schon während der Entwicklung der Definition benutzen zu können.

Definition 7.3 (*hazard, hazardous situation*)
Es seien *hazard* und *hazardous situation* vorläufig wie folgt definiert:

$$(engl.)\ hazard := \text{potentiell gefährdender bzw. gefährdeter Zustand.}$$

$$(engl.)\ hazardous\ situation := \text{Gefährdungssituation.}$$

Die zugrundliegenden Definitionen von *Gefährdungssituation*, des *potentiell gefährdenden (System)zustands* und des *potentiell gefährdeten (Umgebungs)zustands* werden im Folgenden mit den Definitionen 7.4, 7.5 und 7.6 eingeführt.

Festlegung 7.1 (Umgebungsgefährung durch Systemausfall)
O. b. d. A. sei hier vereinfachend festgelegt, dass eine Gefahr immer vom betrachteten System ausgeht und auf „seine" Umgebung wirkt: Das System ist hier niemals gefährdet, die Umgebung ist niemals gefährdent, wohl aber umgekehrt.

Diese Festlegung ist keine Einschränkung der Allgemeinheit, da die Umgebung durchaus als weiteres System betrachtet werden könnte: In diesem Fall könnten beide Systeme sowohl gefährdent als auch gefährdet sein.   □

Bemerkung 7.4
Die folgenden Definitionen 7.4, 7.5 und 7.6 nehmen Bezug auf das Petrinetzmodell in Abb. 7.3. Abbildung 7.4 gibt einen Überblick über die entsprechenden Netzzustände.

Konvention 7.2
Die folgenden Definitionen 7.4, 7.5 und 7.6 nehmen Bezug auf das Netz in Abb. 7.3. Es sei für diese Definitionen:

$\mathcal{N}$: das gesamte in Abb. 7.3 dargestellte Netz;
$\mathcal{N}_1 \subset \mathcal{N}$: das Teilnetz, das das potentielle Systemverhalten spezifiziert;
$\mathcal{N}_2 \subset \mathcal{N}$: das Teilnetz, das die potentielle Umgebungsveränderung spezifiziert und
$\mathcal{N}_3 \subset \mathcal{N}$: das Teilnetz, das einen Schadenseintritt modelliert.

Definition 7.4 (Gefährdungssituation (engl. *hazardous situation*))
Eine Situation (s, e) bestehend aus dem Systemzustand $s \in \mathcal{N}_1$ und dem Umgebungszustand $e \in \mathcal{N}_2$ ist eine *Gefährdungssituation* (engl. *hazardous situation*), falls:

$$\exists t_1, \ldots, t_{n_3} \in \mathcal{N}_3 : \sigma_3 = t_1, \ldots, t_{n_3} \wedge (s, e)[\sigma_3\rangle harm.$$

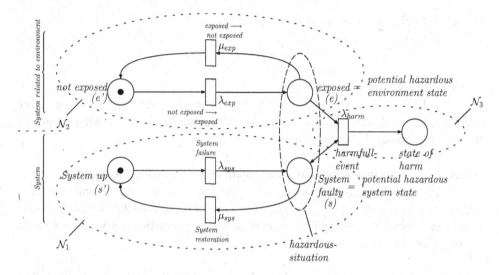

Abb. 7.3 Begriffliche Relation in Hinblick auf „Gefahr"

Ist (s, e) eine Gefährdungssituation, so nennen wir s einen *gefährdenden Systemzustand* (engl. *hazardous system state*) und e einen *gefährdeten Umgebungszustand* (engl. *hazardous environment state*). □

Feststellung 7.2 (zu Definition 7.4)
Für eine Gefährdungssituation gilt Folgendes: Ändert sich weder der Systemzustand s noch der Umgebungszustand e, dann wird in endlicher Zeit ein Schaden eintreten.

Definition 7.5 (potentiell gefährdender Systemzustand)
Es sei $e' \in \mathcal{N}_2$ ein Umgebungszustand und (s, e) eine Gefährdungssituation mit $e' \neq e$. Dann ist der Systemzustand $s \in \mathcal{N}_1$ ein *potentiell gefährdender Systemzustand* (engl. *potentially hazardous system state*), falls:

$$\exists t_1, \ldots, t_{n_2} \in \mathcal{N}_2 : \sigma_2 = t_1, \ldots, t_{n_2} \wedge (s, e')[\sigma_2\rangle(s, e). \qquad \square$$

Feststellung 7.3
Im Zustand (s, e') ist s ein *potentiell gefährdender Systemzustand*, falls von (s, e') ausgehend die Gefährdungssituation (s, e) durch ausschließliche Zustandsänderungen in $\mathcal{N}_2$ (also der Systemumgebung) erreichbar ist.

Definition 7.6 (potentiell gefährdeter Umgebungszustand)
Es sei $s' \in \mathcal{N}_1$ ein Systemzustand und (s, e) eine Gefährdungssituation mit $s' \neq s$. Dann ist der Umgebungszustand $e \in \mathcal{N}_2$ ein *potentiell gefährdeter Umgebungszustand* (engl.

potentially hazardous environment state), falls:

$$\exists t_1, \ldots, t_{n_1} \in \mathcal{N}_1 : \sigma_1 = t_1, \ldots, t_{n_1} \wedge (s', e)[\sigma_1](s, e). \qquad \square$$

Feststellung 7.4
Im Zustand (s', e) ist e ein *potentiell gefährdeter Umgebungszustand*, falls von (s', e) ausgehend die Gefährdungssituation (s, e) durch ausschließliche Zustandsänderungen in $\mathcal{N}_1$ (also dem System) erreichbar ist.

Folgerung 7.1 (Gefährdungssituationen, potentiell gefährdende Zustände)
Im Kontext technischer Systeme kann vorausgesetzt werden, dass die Ereignisse *System failure* und *not exposed* $\longrightarrow$ *exposed* (vgl. Abb. 7.3) zu unterschiedlichen Zeitpunkten eintreten. Unter dieser Voraussetzung geht jeder Gefährdungssituation zeitlich ein potentiell gefährdender bzw. gefährdeter Zustand voraus.

Bemerkung 7.5 (zur Definition von *hazard*)
Es stellt sich am Ende dieses Abschnitts die Frage, ob *hazard* als ein *potentiell gefährdender Zustand* wie in Definition 7.3 oder als ein *gefährdender Zustand* definiert werden sollte. Hierzu seien zunächst wieder die Beispiele in den bereits verwendeten Wörterbüchern herangezogen:

Cambridge [2]
N something that is dangerous and likely to cause damage: *a health/fire hazard; The busy traffic entrance was a hazard to pedestrians.*

Oxford [3]
N a thing that can be dangerous or cause damage: *a fire/safety hazard; Growing levels of pollution represent a serious health hazard to the local population; Everybody is aware of the hazards of smoking.*

Longman [4]
N something that may be dangerous, or cause accidents or problems: *Polluted water sources are a hazard to wildlife; that pile of rubbish is a fire hazard* (= something that is likely to cause a fire); (health/safety hazard) the health hazard posed by lead in petrol; a risk that cannot be avoided: (the hazards of sth) *the economic hazards of running a small farm*; (occupational hazard) (= a danger that exists in a job) *Divorce seems to be an occupational hazard for politicans.* $\qquad \square$

Feststellung 7.5 (zum Gebrauch der Bezeichnung *hazard*)
Wenn auch nicht alle, so lassen doch einige der angeführten Beispiele einen starken Bezug zu *gefährdenden Zuständen* erkennen: Bspw. kann man sich *growing levels of pollution*

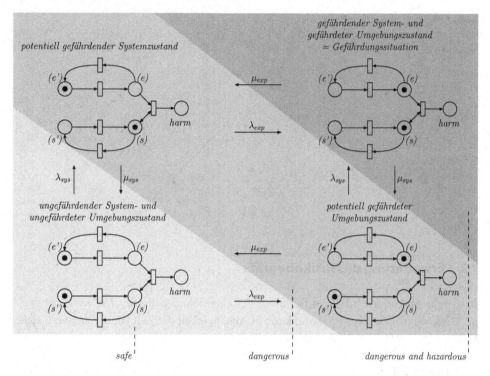

Abb. 7.4 Begriffliche Relation in Hinblick auf „Gefahr"

... *to the population* nicht entziehen, die Bevölkerung ist der (bspw. Luft-)Verschutzung ständig ausgesetzt, der Zustand der Luftverschmutzung ist also gefährdent.

Definition 7.7 (hazard, hazardous situation)
Auf Basis der Definitionen zur Gefährdungssituation (siehe Definition 7.4) und des potentiell gefährdenden Zustands (siehe Definition 7.5) definieren wir *hazard* und *hazardous situation* schließlich wie folgt:

$$(\textit{engl.})\ \textit{hazard} := (\text{deutsch})\ \text{gefährdender Zustand.}$$

$$(\textit{engl.})\ \textit{hazardous situation} := (\text{deutsch})\ \text{Gefährdungssituation.}$$

Bemerkung 7.6 (zu den Definitionen dieses Abschnitts)
Die in diesem Abschnitt definierten Termini können wie in Abb. 7.4 zusammenfassend dargestellt werden. Es gibt keinen direkten Übergang vom gefährdungslosen Zustand zum Gefährdungszustand und umgekehrt: Für reale Systeme kann angenommen werden, dass zwei zeitlose Zustandsübergänge nicht zum selben Zeitpunkt stattfinden, siehe Abb. 7.5.

Abb. 7.5 Relationierung von
safe, dangerous und *hazardous*
situations

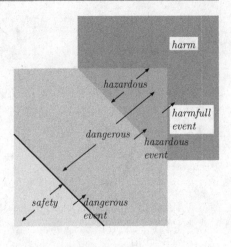

7.2 Erweiterung des Risikobegriffs

In diesem Abschnitt wird der in Definition 7.1 eingeführte statische, d. h. zeitunabhängige, Risikobegriff zu einer Risikofunktion in Abhängigkeit der Zeit verallgemeinert, siehe hierzu Abb. 7.3.

Feststellung 7.6
Unter der Voraussetzung, dass gefährdende Systemzustände s und gefährdete Umgebungszustände e unabhängig voneinander eintreten, ist die Wahrscheinlichkeit $p((s, e))$ für eine Gefährdungssituation (s, e) durch

$$p((s, e)) = p(s) \cdot p(e)$$

gegeben. Hierbei seien $p(s)$ und $p(e)$ die mittleren Wahrscheinlichkeiten, dass Zustand s bzw. e erfüllt ist. Die mittlere Dauer $E\left(D((s, e))\right)$ einer solchen Gefährdungssituation (s, e) kann in Abhängigkeit der entsprechenden Raten bestimmt werden (hier für negativ exponentialverteilte Zustandsverweildauern):

$$E\left(D((s, e))\right) = \frac{1}{\mu_{sys} + \mu_{exp} + \lambda_{harm}}.$$

Dadurch lässt sich die mittlere Schadenswahrscheinlichkeit $E\left(p(harm)\right)$ durch

$$E\left(p(harm)\right) = p((s, e)) \cdot \left(1 - e^{-\lambda_{harm} \cdot E(D((s,e)))}\right) \tag{7.1}$$

berechnen.

Für eine beliebige Zeitdauer $\Delta t = (t_1, \dots, t_2)$ der Gefährdungssituation kann die Schadenswahrscheinlichkeit $p(harm)$ entsprechend wie folgt berechnet werden:

$$p(harm)(\Delta t) = p((s, e)) \cdot \left(1 - e^{-\lambda_{harm} \cdot \Delta t}\right).$$

Das Schadensausmaß *sev(harm)* kann a) einen kontinuierlichen oder b) einen diskreten Verlauf aufweisen:

a) Wird vorausgesetzt, dass sich das Schadensausmaß *sev(harm)* mit der Zeit t kontinuierlich verändert, lässt sich das Risiko mathematisch für negativ exponentialverteilte Zustandsverweildauern wie folgt bestimmen:

$$
\begin{aligned}
risk(\Delta t) &= p(harm)(\Delta t) \cdot sev(harm)(\Delta t) \\
&= p\left((s,e)\right) \cdot \left(1 - e^{-\lambda_{harm} \cdot \Delta t}\right) \cdot sev(harm)(\Delta t).
\end{aligned}
$$

Das mittlere Risiko ist entsprechend:

$$
E\left(risk(\Delta t)\right) = p\left((s,e)\right) \cdot \left(1 - e^{-\lambda_{harm} \cdot E(D((s,e)))}\right) \cdot E\left(sev(harm)(\Delta t)\right).
$$

Dabei ist

$$
E\left(sev(harm)(\Delta t)\right) = \frac{1}{T} \int_0^T sev(harm)(t)\, dt.
$$

b) Oftmals verändern sich Schadensverläufe diskret: Zu bestimmten Zeitpunkten t_i finden (diskrete) „Sprünge" im Schadensausmaß $sev(harm)(t_i)$ statt, bspw. kann sich die Anzahl von Schäden (ggf. gleichen Ausmaßes) mit der Zeit ändern. Das mittlere Risiko kann dann (wieder für exponentialverteilte Zustandsverweildaueren) mathematisch wie folgt für $i \in \mathbb{N}$ bestimmt werden:
Für

$$
p(harm)(t_i) = p((s,e)) \cdot \left(1 - e^{-\lambda_{harm} \cdot t_i}\right)
$$

ist das Risiko

$$
\begin{aligned}
risk(t_i) &= p(harm)(t_i) \cdot sev\left(harm(t_i)\right) \\
&= p(harm)(t_i) \cdot \sum_{j=0}^{i} sev\left(harm(t_j)\right) \\
&= p((s,e)) \cdot \left(1 - e^{-\lambda_{harm} \cdot t_i}\right) \cdot \sum_{j=0}^{i} sev\left(harm(t_j)\right).
\end{aligned}
$$

Das mittlere Risiko ist dann entsprechend:

$$
E\left(risk(t_i)\right) = p((s,e)) \cdot \left(1 - e^{\lambda_{harm} \cdot E(D((s,e)))}\right) \cdot E\left(\sum_{j=0}^{i} sev\left(harm(t_j)\right)\right),
$$

mit

$$E\left(\sum_{j=0}^{i} sev\left(harm(t_j)\right)\right) = \frac{\sum_{j=0}^{i} sev\left(harm(t_j)\right)}{i}.$$

7.3 Das Verhältnis der THR zur PFD

Auf Basis der Ergebnisse aus Abschnitt 7.2 wird hier das individuelle Risiko wie in [5] durch die individuelle Risikorate *IRR* ausgedrückt

$$IRR = \frac{individueller\ Schaden}{Zeitdauer}.$$

7.3.1 Der Ansatz nach Cenelec – THR

Insbesondere die Cenelec-Normen (siehe bspw. die EN 50129 [11]) gehen von sicherheitsrelevanten Systemen aus, die kontinuierlich in Betrieb sind (siehe auch [5]). Die Funktionen dieser Systeme fallen mit einer Rate λ aus, die kleiner oder gleich einer *tolerierbaren Gefährdungsrate* (engl. *tolerable hazard rate (THR)*) pro Stunde sein soll. Für diese Gefährdungsrate wird in der EN 50129 mit dem *safety integrity level* eine numerische Größe vorgegeben.

Feststellung 7.7 (Philosophie der THR)
Die Cenelec-Standards betrachten ausschließlich das gesamte sicherheitsrelevante System. Dadurch ergibt sich für die individuelle Risikorate *IRR* (vgl. auch Abb. 7.3):

$$IRR = \lambda_{sys} \cdot p_A \cdot p(exposed). \tag{7.2}$$

Hierbei ist λ_{sys} die Rate mit der das System ausfällt, $p(exposed)$ die Wahrscheinlichkeit mit der das betrachtete Individuum einem potentiell ausfallenden System exponiert ist (also die Wahrscheinlichkeit dass ein potentiell gefährdeter Umgebungszustand vorliegt). Desweiteren sei p_A der Mittelwert der Wahrscheinlichkeit, mit dem nach Erreichen einer Gefährdungssituation auch der Schaden eintritt. Dieser Wert ist aus Gl. 7.1 bereits bekannt:

$$p_A = 1 - e^{-\lambda_{harm} \cdot E(D((s,e)))}.$$

So lässt sich die *IRR* durch

$$IRR = \lambda_{sys} \cdot \left(1 - e^{-\lambda_{harm} \cdot E(D((s,e)))}\right) \cdot p(exposed), \tag{7.3}$$

wieder mit $E(D((s,e))) = \frac{1}{\mu_{sys} + \mu_{exp}}$, bestimmen.

Bemerkung 7.7 (*IRR* vs. *THR*)

Schließlich handelt es sich bei einer individellen Risikorate um eine tolerierbare Risiko-rate, falls

$$IRR \leqq THR$$

erfüllt ist.

7.3.2 Der Ansatz nach IEC 61508 – PFD

Insbesondere die IEC 61508 (siehe DIN 61508-1 [7] bis DIN 61508-7 [9]) geht von sicherheitsrelevanten Systemen aus, die eine Überwachungsfunktion haben. Diese Über-wachungsfunktion hat in der Regel nur dann einzugreifen, falls es zu einer gefährlichen Anforderung kommt (vgl. [5] und [6]). Versagt bspw. das *equipment under control (EUC)* (vgl. Definition 7.8) mit Rate λ_{EUC} (vgl. Abb. 7.6), dann wird das betrachtete Individuum

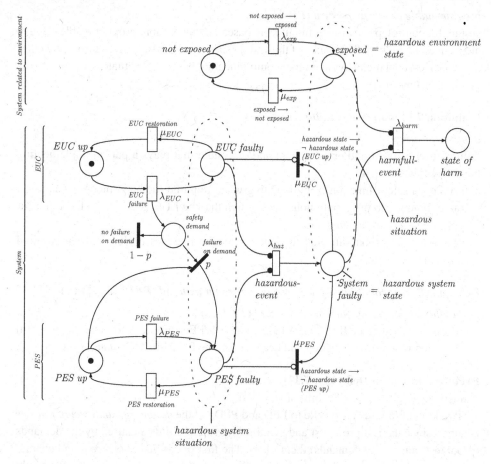

Abb. 7.6 Integrierte Darstellung in Hinblick auf *PFD* und *THR*

nur dann gefährdet, wenn das Sicherungssystem (engl. *programmable electronic System (PES)*) durch ebendiese Anforderung ausfällt oder bereits im *fault*-Zustand ist (siehe Definition 7.10 und vergleiche Abb. 7.6).

Definition 7.8 (*equipment under Control (EUC)*)

equipment under control (EUC)
equipment, machinery, apparatus or plant used for manufacturing, process, transportation, medical or other activities (aus [14]). ☐

Definition 7.9 (*EUC control system*)

EUC control system
system that responds to input signals from the process and/or from an operator and generates output signals causing the EUC to operate in the desired manner (aus [14]). ☐

Definition 7.10 (*programmable electronic system (PES)*)

programmable electronic system (PES)
system for control, protection or monitoring based on one or more programmable electronic devices, including all elements of the system such as power supplies, sensors and other input devices, data highways and other communication paths, and actuators and other output devices (aus [14]). ☐

Definition 7.11 (*dangerous failure*))

dangerous failure
failure of an element and/or subsystem and/or system that plays a part in implementing the safety function that:
a) prevents a safety function from operating when required (demand mode) or causes a safety function to fail (continuous mode) such that the EUC is put into a hazardous or potentially hazardous state; or
b) decreases that probability that the safety function operates correctly when required (aus [14]). ☐

Definition 7.12 (*probability of dangerous failure on demand (PFD)* (aus [14]))

probability of dangerous failure on demand (PFD_{sys})
safety unavailability (see IEC 60050-191) on an E/E/PE safety-related system to perform the specified function when a demand occurs from the EUC or EUC control system . ☐

Erläuterung 7.1 (zu Definition 7.12)
Anmerkung 2 aus [14] zur Definition von PFD_{avg}:
   Two kind of failures contribute to PFD and PFD_{avg}: the *dangerous undetected failures* occurred since the last proof test and genuine *on demand failures* caused by the demands (proof tests and safety demands) themselves. The first one is *time dependent* and characterized by their dangerous failure rate $\lambda_{DU}(t)$ whilst the second one is dependent only

on the number of demands and is characterized by a *probability of failure per demand* (denoted by γ).

Bemerkung 7.8 (zu Erläuterung 7.1)
„Probability of dangerous failure on demand" wird auch charakterisiert durch eine *probability of failure per demand*.

Bemerkung 7.9 (alte Definition)
Die ehemalige Definition von *probability of failure on demand (PFD) ist*

probability of failure on demand (PFD_{sys})
avarage probability of failure on demand of a safety function for a E/E/PE safety related system (aus [13]).   □

Feststellung 7.8 (Philosophie der PFD)
Die IEC 61508 unterteilt sicherheitsrelevante Systeme in kontrollierte (EUC) und kontrollierende (PES) Teilsysteme. Das EUC fällt mit der Rate λ_{EUC} aus und bewirkt bei Ausfall, dass mit einer Wahrscheinlichkeit p das PES ebenfalls ausfällt (vgl. Abb. 7.7). Damit ist die PFD die Wahrscheinlichkeit, dass bei einer Sicherheitsanforderung das Sicherungssystem bereits im Fehlzustand ist (*PES faulty*) oder durch ebendiese Sicherheitsanforderung in den Fehlzustand übergeht (*failure on demand*).

Mit der Ausfallrate λ_{EUC} des kontrollierten Teilsystems EUC und

$$ t \ll \frac{1}{\lambda_{EUC}} $$

wird die Wahrscheinlichkeit $p(PES\,faulty)$, dass das kontrollierende Teilsystem PES bei Anforderung ausgefallen ist durch

$$ PES\,faulty = \frac{\lambda}{\lambda + \mu} + \lambda_{EUC} \cdot t \cdot p. $$

bestimmt. Mit λ_{sys}, p_A und $p(exposed)$ wie in Formel 7.2 der Feststellung 7.7 definiert, wird die individuelle Risikorate analog zur Gl. 7.2 bestimmt durch

$$ IRR = \lambda_{EUC} \cdot \underbrace{\underbrace{p(PES\,faulty)}_{=\,PFD} \cdot p_A \cdot p(exposed)}_{=\lambda_{sys}}. $$

Analog zur Gl. 7.3 lässt sich die *IRR* also durch

$$ IRR = \underbrace{\lambda_{EUC} \cdot p(PES\,faulty)}_{\lambda_{sys}} \cdot \underbrace{\left(1 - e^{-\lambda_{harm} \cdot E(D((s,e)))}\right)}_{p_A} \cdot p(exposed), $$

hier mit $E(D((s,e))) = \frac{1}{(\mu_{EUC} + \mu_{PES}) + \mu_{exp}}$ bestimmen.

Damit ist, wie in Erläuterung 7.1 dargelegt, die PFD die Wahrscheinlichkeit, dass bei einer Sicherheitsanforderung das Sicherungssystem bereits im Fehlzustand ist oder durch ebendiese Sicherheitsanforderung in den Fehlzustand übergeht.

7.4   Kontinuitäts- und Sicherheitsintegritätsanforderungen in der Luftfahrt

In der Luftfahrt werden Landeanflüge und Landungen meist durch *instrumented landing systems (ILS)* unterstützt. Dabei werden dem Piloten durch Funk- und Lichtsignale Informationen bereitgestellt, mit dem Ziel, eine sichere Landung zu gewährleisten. Grundsätzlich kommen in Abhängigkeit von der Flughöhe und den Witterungsgedingungen verschiedene Kategorien zur Erfüllung unterschiedlicher *facility performances* zum Einsatz: Vereinfacht kann bspw. die *facility performance category I (CAT I)* für den Einsatz bei einer Höhe von mindestens 60 Metern und einer Sichtweite von mindestens 800 Metern genutzt werden. Die Kategorie III B (*CAT III B*) kann hingegen noch bis zu einer Höhe von 15 Metern genutzt werden, wenn die Sichtweite mindestens 50 Meter beträgt. Mit der Kritikalität der Umgebungsbedingungen steigen die Anforderungen an die Kontinuität (*continuity*) und die Sicherheitsintegrität (*safety integrity*) dieser Kategorien (siehe [15]).

Erläuterung 7.2 (zu Abb. 7.7)

Abbildung 7.7 modelliert im oberen Teil (*System related to environment*), ob sich das System im Landeanflug befindet (*System during landing*) oder nicht (*System during flight*). Im unteren Teilnetz ist modelliert, ob das System fehlerfrei ist oder ob ein (interner) Fehler vorliegt, entsprechend *System up* und *System faulty*. Wir gehen in diesem Modell davon aus, dass das System in Abhängigkeit von seiner Exponiertheit (*System exposed / not exposed*) mit unterschiedlichen Raten ausfällt (entsprechend λ_{flight} und $\lambda_{CAT I}$; dabei ist $\lambda_{CAT I}$ eine spezifische Ausfallrate für den Landeanflug – siehe auch Folgerung 7.2). In diesem Abschnitt ist lediglich das Eintreten eines Schadens als Folge der Gefährdungssituation durch Koinzidenz von *System faulty* und *System exposed* betrachtet.

Informale Definition 7.1 (*integrity* und *continuity*)

integrity
A measure of trust that can be placed in the correctness of the information supplied by the total system. Integrity includes the ability of the system to provide timely warnings to the user (alerts) when the system should not be used for operation (aus [15]).

continuity
The ability of the system to perform its function without interruption during the intended operation. More specifically, continuity is the probability that the specified system performance will be maintained for the duration of a phase of operation, presuming that the system was available at the beginning of that phase of operation (aus [15]).

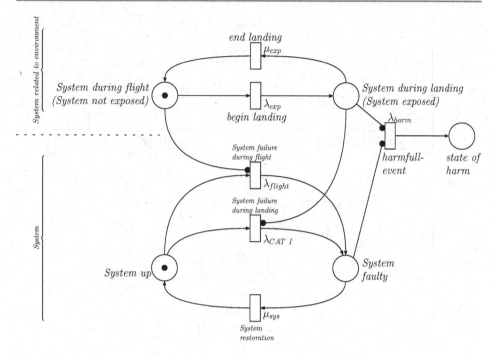

Abb. 7.7 Abhängigkeit des Systems von der Umwelt

Bemerkung 7.10 (zu den Definitionen *integrity* und *continuity*)

Die Integrität ist nach Definition 7.1 also verletzt, wenn das System unentdeckt fehlerhaft arbeitet. Damit korreliert das *integrity risk* mit der Wahrscheinlichkeit eines unentdeckten Systemfehlers.

In der Literatur finden sich Ansätze, zwischen *continuity* und *reliability* zu unterscheiden, so in [12]: Hier wird das *continuity risk* auf detektierbare Fehler beschränkt. Dies mit der Begründung, dass im Falle nicht detektierter Fehler, das System fortfährt, die geforderte Funktion zu erfüllen. Mit

$$R(t) = 1 - (PF_{DD} + PF_{DU} + PF_{SD} + PF_{SU}) \iff$$
$$R(t) + PF_{SU} + PF_{DU} = 1 - PF_{DD} - PF_{SD}$$

gilt dann für die *continuity* $C(t)$

$$C(t) = R(t) + PF_{SU} + PF_{DU} = 1 - PF_{DD} - PF_{SD}.$$

(Mit *PF* für *probability of failure*; *DD* für *dangerous detectable*; *DU* für *dangerous undetectable; SD* und *SU* entsprechend für *safe detectable* und *safe undetectable*).

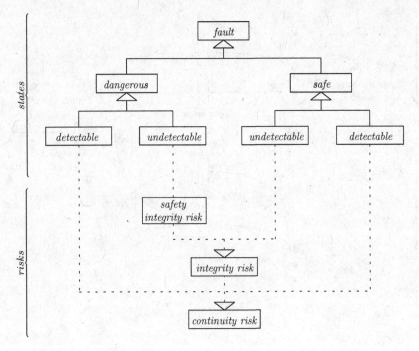

Abb. 7.8 Bezug von *integrity* und *continuity* zu Zuständen

Eine weitere Möglichkeit $R(t)$ und $C(t)$ per Definition zu unterscheiden ist, $C(t)$ auf Basis von *operating states* zu definieren. Dies im Gegensatz zur Definition von $R(t)$, die sich auf *up states* bezieht (vgl. Formel 4.1). Für $\lambda_{up} \neq \lambda_{op}$ ist dann für negativ exponentialverteilte Zustandsdauern

$$e^{-\lambda_{op}\,t} = C(t) \neq R(t) = e^{-\lambda_{up}\,t}.$$

Da aus Sicht des Autors keine dieser Unterscheidungen aus den Definitionen 4.1 und 7.1 abgeleitet werden kann, werden in der vorliegenden Arbeit Kontinuität (*continuity*) und Überlebensfähigkeit (*reliability*) synonym verwendet.

Erläuterung 7.3 (zu Abb. 7.8)
In Abb. 7.8 sind Zuständen entsprechende Risiken zugeordnet: So hängt das *safety integrity risk* von der Wahrscheinlichkeit des Eintretens eines gefährlichen, unentdeckten Fehlers ab. Das allgemeinere *integrity risk* ist dagegen von der Wahrscheinlichkeit eines beliebigen unentdeckten Fehlers abhängig. Unter Beachtung der Bemerkung 7.10 bezieht sich das *continuity risk* schließlich auf einen beliebigen, entdeckten oder unentdeckten Fehler.

Bemerkung 7.11 (zu *integrity risk requirements* und *continuity risk requirements*)
Die folgenden Anforderungen bestehen an die Kategorie *CAT I* eines *ILS*:

$$integrity\ risk \leq \frac{2 \cdot 10^{-7}}{per\ approach};$$

dabei setzt man für die Dauer eines Landeanflugs 150 *s* an, also:

$$integrity\ risk \leq 2 \cdot 10^{-7} \cdot \frac{1}{150\,s}.$$

Darüber hinaus wird

$$continuity\ risk \leq 8 \cdot 10^{-8} \frac{1}{15\,s}$$

gefordert.

Erläuterung 7.4 (zu Abb. 7.9)
Abbildung 7.9 ist in folgender Hinsicht eine Verfeinerung von Abb. 7.7: Ein interner Fehler ist entweder ein *dangerous detectable* Fehler oder ein *dangerous undetectable* Fehler (wir beschränken uns hier auf gefährliche Fehler). Entsprechend ist die Wahrscheinlich-

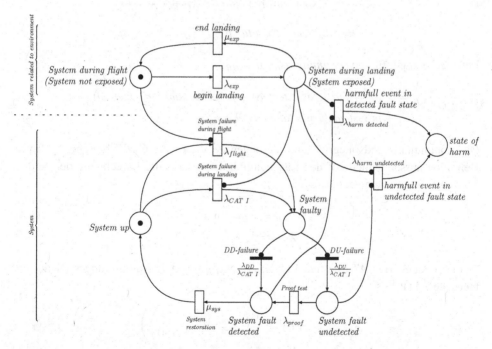

Abb. 7.9 Modellierung von safety integrity

keit, dass es sich um einen *dangerous detectable* Fehler handelt

$$P(detectable\ failure|System\ faulty) = \frac{\lambda_{DD}}{\lambda_{CAT\ I}}$$

und die Wahrscheinlichkeit, dass es sich um einen *dangerous undetectable* Fehler handelt

$$P(undetectable\ failure|System\ faulty) = \frac{\lambda_{DU}}{\lambda_{CATI}}.$$

Dabei sei $\lambda_{CATI} = \lambda_{DD} + \lambda_{DU}$, mit DD für *dangerous detectable* und DU für *dangerous undetectable*. Weiter ist in diesem Modell spezifiziert, dass ein durch automatische Diagnose nicht erkennbarer Fehler mittels eines *proof tests* erkannt werden kann.

Die Unterscheidung in erkennbare und nicht erkennbare Fehler führt zu den beiden unterschiedlichen Gefährdungssituationen: Zum Einen zur Gefährdungssituation aufgrund eines (ggf. schon) erkannten Fehlers und zum Anderen zur Gefährdungssituation aufgrund eines (noch) nicht erkannten Fehlers.

Folgerung 7.2 (Herleitung von λ_{IR} und λ_{CR})
Unter Beachtung der Folgerung 7.1 gilt allgemein für die *integrity risk rate* λ_{IR}:

$$\lambda_{IR} = p(System\ during\ landing) \cdot \lambda_{CATI} \cdot \frac{\lambda_{DU}}{\lambda_{CAT\ I}}$$
$$= p(System\ during\ landing) \cdot \lambda_{DU}.$$

Entsprechend gilt für die *continuity risk rate* λ_{CR}:

$$\lambda_{CR} = \quad (p(System\ fault\ detected) + p(System\ fault\ undetected)) \cdot \lambda_{exp}$$
$$+ p(System\ during\ landing) \cdot \lambda_{CATI}.$$

Die Kontinuitäts- und Integritätsanforderungen der Kategorie *CAT I* beziehen sich per Definition ausschließlich auf den Landeanflug, daher kann die Berechnung der beiden Raten wie folgt vereinfacht werden:

$$\lambda_{IR} = \lambda_{DU} \quad \text{und} \tag{7.4}$$
$$\lambda_{CR} = \lambda_{CATI}. \tag{7.5}$$

In der Kategorie *CAT I* bestehen für λ_{IR} und λ_{CR} folgende Anforderungen (siehe Bemerkung 7.11):

$$\lambda_{IR} \leq 1,3 \cdot 10^{-9} \cdot \frac{1}{s} \left(\approx 2 \cdot 10^{-7} \cdot \frac{1}{150\,s} \right),$$
$$\lambda_{CR} \leq 5 \cdot 10^{-7} \cdot \frac{1}{s} \left(\approx 8 \cdot 10^{-6} \cdot \frac{1}{15\,s} \right).$$

Daraus folgt:

$$\lambda_{IR} \approx 0,25 \cdot 10^{-2} \cdot \lambda_{CR}. \tag{7.6}$$

Mit $\lambda_{DD} := \lambda_{CAT\ I} - \lambda_{DU}$ und den Gl. 7.4 und 7.5 ist

$$\lambda_{DD} = 99,75 \cdot 10^{-2} \cdot \lambda_{CR}. \tag{7.7}$$

Aus den Gl. 7.6 und 7.7 folgt, dass während des Landeanflugs mindestens 99,75% der Ausfälle detektierbar sein müssen.

Literatur

1. COMMISSION DECISION of 5 June 2009 on the adoption of a common safety method for assessment of achievement of safety targets, as referred to in Article 6 of Directive 2004/49/EC of the European Parliament and of the Council.

2. *Cambridge Advanced Learners's Dictionary*. Cambridge University Press, 3rd Edition, 2008.

3. *Oxford Advanced Learner's Dictionary*. Oxford University Press, 8th Edition, 2010.

4. *Dictionary of Contemporary English For Advanced Learners*. Pearson Education Limited, 2009, 6. Auflage, Edinburgh, 2012.

5. Jens Braband, Rüdiger vom Hövel und Hendrik Schäbe. Ausfallwahrscheinlichkeit bei Anforderung (PFD) – was ist das und wird das gebraucht? *Signal + Draht*, (101) 7+8:30–32, 2009.

6. Josef Börcsök. *Elektronische Sicherheitssysteme – Hardwarekonzepte, Modelle und Berechnung*. Hüthig Verlag Heidelberg, 2007.

7. DIN-EN-61508(1). *DIN EN 61508-1 (VDE 0803 Teil 1), Funktionale Sicherheit sicherheitsbezogener elektrischer/elektronischer/programmierbarer elektronischer Systeme – Teil 1: Allgemeine Anforderungen (IEC 61508-1:1998 + Corrigendum 1999); Deutsche Fassung EN 61508-1:2001*. Deutsches Institut für Norumng, 2002.

8. DIN-EN-61508(4). *DIN EN 61508-4 (VDE 0803 Teil 4), Funktionale Sicherheit sicherheitsbezogener elektrischer/elektronischer/programmierbarer elektronischer Systeme – Teil 4: Begriffe und Abkürzungen (IEC 61508-4:1998 + Corrigendum 1999); Deutsche Fassung EN 61508-4:2001*. Deutsches Insitut für Normung, 2010.

9. DIN-EN-61508(7). *DIN EN 61508-7 (VDE 0803 Teil 7), Funktionale Sicherheit sicherheitsbezogener elektrischer/elektronischer/programmierbarer elektronischer Systeme – Teil 7: Anwendungshinweise über Verfahren und Maßnahmen (IEC 61508-7:2000); Deutsche Fassung EN 61508-7:2001*. Deutsches Institut für Normung, 2003.

10. EN-50126. *EN 50126: Railway applications. The specification and demonstration of reliability, availability, maintainability and safety (RAMS)*. European Comission, 1999.

11. EN-50129. *EN 50129: Railway applications. Communications, signalling and processing systems – Safety related electronic systems for signalling*.

12. Ales Filip, Julie Beugin, Juliette Marais und Hynek Mocek. A relation among GNSS quality measures and railway RAMS attributes. Manuscript of paper for CERGAL 2008 Symposium, Braunschweig, Germany, April. 2008.

13. IEC-61508(4). *IEC 61508-4, Functional safety of electrical/electronic/programmable electronic safety-related systems – Part 4: Definitions and abbreviations.* International Electrotechnical Commission, 1998.

14. IEC-61508(4). *IEC 61508-4, Functional safety of electrical/electronic/programmable electronic safety-related systems – Part 4: Definitions and abbreviations.* International Electrotechnical Commission, 2010.

15. RCTA. Minimum Aviation System Performance Standards for the Local Area Augmentation System LAAS, DO-245 A, 2004.

16. Christian Schüle. Wann ist ein Mensch tot? *Die Zeit*, 15, 2012.

Zusammenfassung und Appell

„Die Grenzen meiner Sprache bedeuten die Grenzen meiner Welt" – diese Erkenntnis Ludwig Wittgensteins (siehe [1], [2]) begründet besonders hinsichtlich der Zunahme von interdisziplinären Forschungs- und Entwicklungsarbeiten die Notwendigkeit forcierter Terminologiearbeit. Fachsprachen, notwendigerweise an Fachdisziplinen gebunden, befördern die begriffliche Durchdringung „ihrer" Fachdisziplin: Der für eine Disziplin spezifische „Blick auf die Wirklichkeit" – ihre Viabilität – bestimmt das Verhältnis von Fachbegriffen und Fachwörtern, also die Fachtermini für ebendiese Disziplin. Die disziplinübergreifende Anwendung entsprechender Fachtermini, also ihre Anwendung jenseits der Disziplin*grenzen*, führt jedoch nahezu zwangsläufig zu den in der vorliegenden Arbeit behandelten Begriffsunschärfen: Mit dem Varietätenwechsel geht generell eine Bedeutungsveränderung (Ambiguität) oder gar ein Bedeutungsverlust (kognitive Lücke) der Bezeichnungen einher. Auf sprachlicher Ebene vollzieht sich Analoges: Bezeichnungsveränderungen (Synonymien) oder Bezeichnungsverluste (sprachliche Lücken) sind auch eine Folge von Varietätenwechsel und führen zu den betrachteten Kommunikationsunschärfen (vgl. drittes Kapitel). Diese Unschärfen entstehen jedoch nicht lediglich bei disziplinübergreifender Kommunikation, sondern generell auch innerhalb einer Fachdisziplin, wie das in der Einleitung skizzierte Beispiel der Überarbeitung des „International Electrotechnical Vocabulary, Part 191: Dependability" (IEC 60500-191) zeigt.

Die vorliegende Arbeit legt die Grundlage, den genannten Phänomenen zu begegnen. Durch verschränkte Kombination von Präzisierungsmethoden wurde im Resultat ein mehrdimensionales Terminologiegebäude aufgebaut: Zum einen werden Begriffe durch Ausdifferenzierung ihrer Binnenstruktur mittels semiotischer Ansätze definitorisch präzisiert und hinsichtlich ihrer „inneren Verwandtschaft" auf Eigenschafts-, Merkmals-, Größen- und Werte-/Einheiten-Ebene intensional hierarchisiert. Weiter wird die Interpretationfreiheit von Bezeichnungen und damit die Begiffsunschärfe durch formalisierte Relationierungen eingeschränkt: Dies einmal hinsichtlich begrifflicher (vertikaler) Generalisierungs-/Spezialisierungsbeziehungen, auch unter Beachtung von Aggregationsbeziehungen repräsentiert durch baumartige Strukturen und zudem auf Grundlage

© Springer-Verlag Berlin Heidelberg 2015
J.R. Müller, *Die Formalisierte Terminologie der Verlässlichkeit Technischer Systeme*,
DOI 10.1007/978-3-662-46922-4_8

der Zustands-Ereignis-Dualität durch formale (horizontale) Vernetzung von Zuständen und Zustandsübergängen. Auf diese Weise werden Begriffs- und Sprachunschärfen und -lücken aufgedeckt und im Anschluss geschlossen, so dass im Resultat ein formalisiertes und vervollständigtes Terminologiegebäude für den betrachteten Kontext entsteht (vgl. Kapitel vier bis acht).

Die fruchtbare Anwendung der verschränkten Kombination dieser erwähnten Ansätze auf die Domäne der „Verlässlichkeit technischer Systeme" hat exemplarischen Charakter: Die hier verwendeten Beschreibungssprachen (UML-Klassendiagramme und Petrinetze), sowie die strukturgebenden Konzepte der Semiotik und Systemtheorie sind aufgrund ihres generischen Charakters nicht an diese Domäne gebunden, sondern sind jeweils in anderen Kontexten entstanden. Ihrer verschränkt-kombinierten Anwendung auf andere Domänen steht nichts im Wege und lässt daher ähnlich fruchtbare Ergebnisse erwarten.

Vor diesem Hintergrund wünscht sich der Autor eine stärkere Betonung der Relevanz terminologischer Präzision in der studentischen Ausbildung und in Normungsgremien. Dabei soll es nicht um einen Ersatz der natürlichsprachlichen Definitionen durch formalsprachliche gehen, sondern um präzisierende Ergänzungen durch Formalisierung und Relationierung. Die große Akzeptanz fachsprachlicher Definitionen mittels formaler Sprachen im Rahmen von Vorlesungen zur technischen Zuverlässigkeit und eine aus Sicht des Autors beobachtbare Zunahme der terminologischen Sensibilität in Normungsgremien und der industriellen Projektarbeit gibt ihm Grund zu Optimismus.

Literatur

1. Ludwig Wittgenstein. *Tractatus Logico Philosophicus*. Brace Harcourt & company, Incl. New York /Kegan Paul, Trench Truebner & Co, London (EA), 1922.

2. Ludwig Wittgenstein. *Tractatus Logico Philosophicus*. Dover Publications Inc., 1998.

Index der Verlässlichkeitsbegriffe[1]

[1] Dieser Anhang listet die im Rahmen der Verlässlichkeit übernommenen, angepassten oder neu definierten Begriffe; dabei wird die Quelle, wie schon in den laufenden Kapiteln, jeweils angegeben (vgl. auch Bemerkung 3.18)

© Springer-Verlag Berlin Heidelberg 2015
J.R. Müller, *Die Formalisierte Terminologie der Verlässlichkeit Technischer Systeme*,
DOI 10.1007/978-3-662-46922-4